U0213104

现代舞台服装设计丛书

戏剧人物服装设计：
韩春启舞台作品精选

韩春启 著

中国纺织出版社

内 容 提 要

　　本书是作者对戏剧、舞蹈等舞台服装设计的创作总结。作者根据自己多年的教学经验和艺术创作实践，以通俗易懂的方式，展示了一个设计者在舞台服装设计领域的历程。书中呈现了大量的设计效果图，从中可以看出设计者的不同风格与创作轨迹。这些设计图均是演出的实例，对专业师生和从事舞台服装设计的人员具有很好的学习和参考价值。

　　全书图文并茂，内容翔实丰富，针对性强，既适合专业院校师生使用，又可供服装设计者参考。

图书在版编目(CIP)数据

戏剧人物服装设计：韩春启舞台作品精选 / 韩春启著 . —北京：中国纺织出版社，2016.1
（现代舞台服装设计丛书）
ISBN 978 － 7 － 5180 － 1958 － 8

Ⅰ．①戏…　Ⅱ．①韩…　Ⅲ．①剧装—服装设计—高等学校—教材
Ⅳ．① TS941.735

中国版本图书馆 CIP 数据核字（2015）第 212663 号

策划编辑：李春奕　　责任编辑：陈静杰　　责任校对：楼旭红
责任设计：何　建　　责任印制：王艳丽

中国纺织出版社出版发行
地址：北京市朝阳区百子湾东里 A407 号楼　邮政编码：100124
销售电话：010—67004422　传真：010—87155801
http://www.c-textilep.com
E-mail：faxing@c-textilep.com
中国纺织出版社天猫旗舰店
官方微博 http://weibo.com/2119887771
北京利丰雅高长城印刷有限公司印刷　各地新华书店经销
2016 年 1 月第 1 版第 1 次印刷
开本：889×1194　1/20　印张：12
字数：103 千字　定价：78.00 元

与春启合作近 30 年了。从舞蹈《秦俑魂》刚武矫健的战士，到舞剧《大梦敦煌》绚丽斑斓的人物长廊；从《情天恨海圆明园》浓郁北京风情的画卷，到诗画《东方神珠》奇异梦境的幻象……一个个栩栩如生的人物造型，款款准确而生动的服饰，为舞台的艺术形象塑造增添光彩，也为人民大众欣赏与接受这些艺术形象提供了必不可少的素材与想象！

春启的成功在于：他对艺术的挚爱与近似苛刻的独特追求。多年来，我任何时候找他，哪怕是深夜，只要是谈创作，他立刻激情迸发，为此其妻子常常赞赏地抱怨："只要维亚一来电话，我们全家就兴奋，无法入睡！"有时，为了一个款式，甚至为了一个领口、一条饰带，他能与我争得面红耳赤！多年来，我就是和这个"裁缝"时常探究文本、商议场面，甚至讨论音乐情绪，就这么艺术地生活、艺术地工作，一路走过来。

春启的成功在于：他对生活的热爱与观察。为设计一台世界风情的歌舞晚会，他查阅大量世界各国各地区的服饰资料，这还不够，他还跑到美国、法国、东南亚地区实地考察拍摄，为的就是舞台上每一位艺术形象的准确与生动。舞剧《大梦敦煌》中古代西域服饰的色调与构成；建党 90 周年文艺晚会《我们的旗帜》中众多革命历史人物与现代百姓形象朴实质感的把握；2008 年北京奥运会、2014 年南京青奥会中富有高科技含量的未来形象设计，都体现了春启丰富的生活阅历与积累。30 多年来，他就是这样一步一个脚印走过来的。

春启的成功还在于：作为一位设计大师，他对人物形象服饰造型的制作精益求精。从概念图至最后制作完成，服装穿到演员身上，这一针一线，一剪一刀，就是大师成功的必不可少的台阶。30 多年来，他就是这样一件件地"缝"就了令人难忘的"形象"！

春启的成功原因还有很多，在此无法一一道来。30 多年后的今天，春启还在往前走，他在"缝补"之余，又拿起笔来，从事文学剧本创作，这已引起文学同行们的注目与钦佩！我也注目并祝福春启在艺术创作之路上一直前行！

2015 年 1 月

自序

从 20 世纪 80 年代到今天，一晃 30 多年过去了。每天忙忙碌碌好像干了很多事情，待真要总结的时候，突然发现瞎忙了很久，而有意义的事情不多，不禁感叹时光飞逝，人生苦短。作为一个还算认真敬业的老师，不知道如何让学生真正认识时间的宝贵，只知道时光不能倒流，人不可能回到从前，如果学生荒废学业，将来只会望天感叹、追悔莫及。我知道这样的告诫可能没多大作用，学生也听不进去。但是我还是要说，要告诫。作为一名老师，我不仅尽可能地采用一些好的教学方法传授学生知识，同时用自己的经验和教训与学生真诚交流。从艺术学习的角度看，如果你能看到一个老者曾经走过的人生轨迹，这也许会对你有些启发，那就是缘分了。

按理说，我算是很幸运的了。在那样的年代能上大学等于一步登天，然后我又遇到那么多好老师，这才能一步步走正。毕业后也几乎没闲过，什么都想试试，从电视剧美工到舞台灯光师；从化妆助理到绘景能手；从与国际大腕合作到服装厂的监制。这么说吧，舞台美术这个行当的活儿我几乎都干过。最后，连自己也没想到怎么就定到服装行当里了。也许我从骨子里就是个缺少追求的人，所以只要是艺术活儿就行，这已心满意足，相信饿不死也累不坏。我一直以为艺术都相通，无所谓半路和起点，只要你坚持不懈、持之以恒，总会见到亮。

舞台服装设计也是如此。

今天的设计师和学生似乎有很多渠道来获取机会和灵感，但我们那时候不行。所以我们要付出更多的精力和时间，但也让我们能安下心来做事，养成了一些好习惯。比如，设计人物形象要有出处，动态造型要有表现力等。在我看来那些严谨和务实的习惯，对今天的学生来说仍然没有过时。所以就借此书来总结一下。当开始搜集、整理资料时，才发现很多原来的东西都散失了，只好重新绘制、补充，尤其是一些效果图。虽然没有了过去的历史感，但是图面效果应该更好。毕竟，那些剧目已经是很久以前的事情了。

这里收录的一些戏剧设计图，部分是用电脑技术绘制完善的，在表现风格上必然有一些改变，希望对刚入行的年轻人和学生有一些借鉴和帮助。需要说明的是，我的大量设计图都是在学生们的协助下在电脑上完成的，是我与学生们共同完成的。此外，从戏剧导演到服装工厂制作，有很多人都参与到服装设计当中，我心怀感激，更感怀教学相长和青出于蓝的美好意境。

你懂的！

韩春启

2015年1月于北京艺典工作室

目录

舞剧　DANCE DRAMA

《玄凤》　　　　　　The Resurrection of the Phoenix / 5

《悠悠雪羽河》　　　The Long Xue Yu River / 9

《满江红》　　　　　The Azolla / 13

《大梦敦煌》　　　　The Dream of Dunhuang / 17

《情天恨海圆明园》　Love and Hate in the Summer Palace / 27

《鹤鸣湖》　　　　　Lake of the Crying Cranes / 37

《草原记忆》　　　　Memories of the Grasslands / 43

《徽班》　　　　　　The Anhui Theatre Troupe / 47

《格萨尔王》　　　　The Hero King Gelsall / 55

《红楼梦》　　　　　Dream of the Red Chamber / 61

《太极传奇》　　　　Tai Chi Legend / 67

《红高粱》　　　　　Red Sorghum / 71

歌剧　OPERA

《霸王别姬》　　　　Farewell My Concubine / 83

《西施》　　　　　　The Ancient Chinese Beauty Xi Shi / 89

《高山流水》　　　　Lofty Mountains and Flowing Water / 95

《雪原》　　　　　　Snowfield / 103

戏曲　CHINESE OPERA

秦腔《杨贵妃》　　　The Ancient Tang Beauty Yang Gui Fei / 115

评剧《胡风汉月》　　The Story of Cai Wen Ji / 119

秦腔交响乐《梦回长安》Dreaming of the City of Chang An / 123

音乐剧　　MUSICAL

《甘嫫阿妞》　　Gan Mo A Niu / 131
《蝶》　　Butterflies / 135
《花儿与少年》　　Flowers & Youth / 145
博物馆版《金沙》　　Jin Sha / 151

歌舞剧　　SONG & DANCE DRAMA

《西洋行》　　A Journey to the West / 159
《北京之夜》　　Beijing Nights / 163
《哒哒瑟》　　Wonderful / 167
《秘境之旅》　　A Mysterious Journey / 171
《梦回大唐》　　Dreaming of the Tang Dynasty / 175
《大风歌》　　Song of the Wind / 179
《唐乐宫》　　The Tang Dynasty Palace / 185
《太阳神鸟》　　The Sunbird / 191
《日月大明宫》　　The Palace of Da Ming / 195
《梦幻太极》　　Tai Chi Illusions / 205
《吴越千古情》　　The Romance of Wu Yue / 209
《千回大宋》　　The Magnificent Song Dynasty / 215
《烟雨凤凰》　　Misty Rain Phoenix / 219

创作年表　　CHRONOLOGY OF PRODUCTIONS / 224

后记　　EPILOGUE / 231

舞剧

DANCE DRAMA

在我的印象中，舞剧是最不被人当作戏剧看待的。原因是，从非专业的角度看，舞剧的故事很难看出来，人物跳来跳去也不知为个啥；音乐很好听，但有时确实也听不出个所以然。总之，确实不是我们习惯中认为的戏剧样式。从专业的角度看，舞剧的抽象性和意向性以及人物表演的特殊性，同时再加上戏剧结构的弱化，也好像减少了很多"戏剧"感。

但舞剧确实是戏剧。

因为舞剧具有戏剧要素中的全部因素，就是语言也被音乐化了。至于音乐这种"语言"是否每个人都能听"懂"，那是另一个问题了。故事和戏剧结构的弱化也凸显出舞剧的另一个特征，那就是极强的观赏性，也就是强调审美感受。通俗地讲，我们到剧院去观赏舞剧，更多地去看舞蹈技巧的表演和音乐与动作的完美结合，而不是去了解一个动人或悲愤的故事。因为，那个简单的故事我们早就知道了。

舞剧的戏剧性更多地体现在人物的塑造方面。舞剧中的人物形象容易被人误解，原因就是舞剧人物与话剧和影视中人物形象相比，概念单薄。概念指的是舞剧的戏剧"程式"，单薄一般是说的服装。这两点也许正是其自身特点。但这是由舞剧特殊的艺术形式决定的，与其他戏剧形式不同的除了戏剧样式外，还有差异极大的表演方式。演员要用动作，有时还是难度极高的技巧动作来完成人物形象塑造和故事的推进，决定了它不可能像话剧那样演绎戏剧。而动作的实用性——即表情达意是很重要的指标。这就要求其服饰造型要适应或帮助其完成这些任务，否则就不能成为舞剧人物服装。

另外，舞剧中的戏剧性还包含着重要的"独立审美"性。所谓"独立审美"性是相对于其他戏剧形式而言。看舞剧除了了解故事和人物，更重要的还要看演员和表演，如演员的技巧、炫技等，这些都会给观众带来审美愉悦。像戏曲一样，我们虽然早已知道了故事的结果，但还是不止一次地走进剧场，去体验那种独立审美性所带来的愉悦。所以，舞剧与其他艺术一样，具有构成戏剧的全部要素，只是比其他戏剧形式更抽象，更具有独立审美性，也更加高级罢了。

我认为，就舞剧来说，分幕、时间长短并不一定是舞剧的必要条件。一个小舞蹈只要具有表达完整的音乐，以及具有人物冲突和事件的铺陈，就完全可以算作"舞剧"。也就是说，舞剧就是用舞蹈动作构成的戏剧。如果从这个意义上讲，舞剧就比较多了。但是真正成功的舞剧并不多，这是因为舞剧创作是一个非常复杂、综合的过程，而服装仅仅是其中最不受观众关注的一部分。

舞剧中的人物形象其实要从"舞"的角度看，就像歌剧中演员的外部形象往往要让位于声音一样。但舞蹈演员的形象一般都很好，男士帅，女士漂亮。这就常给人一种"千人一面"的感觉，也容易给人以单薄浅陋之感。但平心而论，舞剧演员在塑造人物过程中所付出的艰辛，往往比其他剧种的演员要大很多，也困难很多。因为他或她不但要表演戏剧，而且还要呈现高难度的技巧。当我为这些人物进行造型时，我常常以真善美的标准去思考、衡量，尽力去表现人物动态的神韵，当然也要挖掘他们的内心世界与戏剧情境。虽然我知道自己能力有限，做得还很不够，但从我的努力中你还是可以看出那种强烈的愿望和不懈的付出。

最后我要告诉初入设计行当的年轻人和学习戏剧服装设计的学生，如果你能有机会从舞蹈或者舞剧人物设计入手，这不但是一种特殊的锻炼途径，而且有助于你为未来做好充分的准备，会为你带来创作的惊喜。

信不信由你。

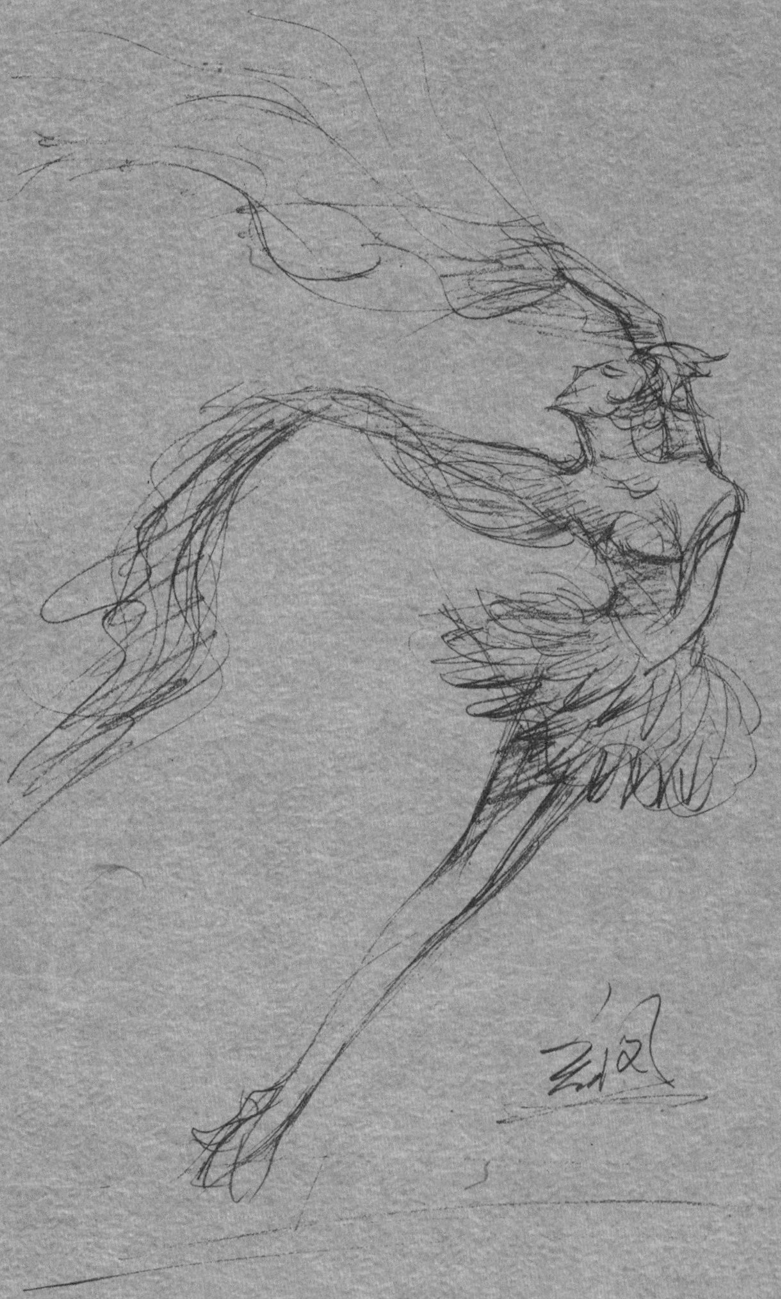

《玄凤》

The Resurrection of the Phoenix

广州芭蕾舞团，1997 年首演于广州

编　　剧：张建民
导　　演：张建民
作　　曲：杜鸣心
舞台设计：金泰洪
服装设计：韩春启

芭蕾舞剧《玄凤》虽然是我做过的为数不多的几部芭蕾作品之一。但《玄凤》确实是我特别看重并极其认真做的一部戏。首先，我特别喜欢这个题材，不知为什么它让我联想到《天鹅湖》；其次，它的音乐我觉得也特别好听。所以，我几乎用了全部精力来进行创作。

令人遗憾的是这个戏好像也没有演几场。但是服装造型还一直让我觉得意犹未尽，总想有一天《玄凤》会复活。

《悠悠雪羽河》

The Long Xue Yu River

甘肃敦煌艺术剧院，1999 年首演于兰州黄河剧院

导　　演：门文元
作　　曲：朱嘉禾
舞台设计：金泰洪
服装设计：韩春启
灯光设计：姚兆宇

　　这是甘肃省歌舞剧院创作的民族舞剧。它主要表现一个很特殊的藏族支系——白马藏族人民的一段悲欢离合的历史故事。当时由于时间紧，任务重，几乎没有时间画图。但对方说："韩老师有经验，您出手我们放心。"话虽是这样说，但我必须更加努力、认真。创作关系到对方的切身利益，不敢马虎大意。所以，我画好了图，就直接到厂里工作，严格把关制作环节。

　　但凡遇到这样的活儿，我的压力很大。道理到时候你就知道了。

戏剧人物服装设计：韩春启舞台作品精选

《满江红》

The Azolla

宁波市歌舞团，1999 年 10 月 1 日首演于宁波

编　　剧：王乃兴
导　　演：张建民
作　　曲：韩兰魁
舞台设计：韩春启
服装设计：韩春启
灯光设计：韩春启　黄和平

戏剧人物服装设计：韩春启舞台作品精选

　　舞剧《满江红》里我除了服装设计外还承担了舞台设计和灯光设计。原因主要是团里经费困难，一个人能全干了就能够省很多钱。当然对我来说，团长和编剧王乃兴对我的信任和鼓励让我永远不能忘怀。导演是张建民，既是学院的同事，又是创作的老搭档。我认为他对于舞剧的音乐和结构的把握是相当老道的。但是当时的宁波市歌舞团实在是困难，所以有很多好的设想都不可能实现。但我们在各种条件限制下的创作经历，却留给我难忘的记忆。由此看来任何艺术创作都不可能完美无瑕。但是追求过程中那些温暖的真情实感，却可以留下完美的记忆。

　　舞剧《满江红》对于我有着特别的意义，对我来说不是那些奖项，而是那些充满了挑战的过程和影响了我对艺术、对人生认识的那些人。

戏
剧
人
物
服
装
设
计
：
韩
春
启
舞
台
作
品
精
选

《大梦敦煌》

The Dream of Dunhuang

兰州歌舞剧院，2000 年 4 月 24 日首演于北京

编　　剧：赵大鸣
导　　演：陈维亚
作　　曲：张千一
舞台设计：高广建
服装设计：韩春启　任燕燕
灯光设计：沙晓岚

每当别人提起舞剧创作，我都会本能地想到《大梦敦煌》。不是因为它在世界各地巡演，也不是因为它获得了很多的奖项，而是因为人，因为情感。

《大梦敦煌》写的就是人的情感故事。虽然剧中情节完全是编撰的，但由于真情实感，还是能让人感动。我为这个戏投入了全部精力，这缘于我对敦煌的爱和对一种真情的追忆。为此，我曾经多次在莫高窟徜徉，在月牙泉边徘徊，在鸣沙山上凝望，在西去的列车上茫然……我很庆幸在一生中能够与敦煌结缘。在整个创作过程中，也能够与那些真情实感的艺术家们共事，与那些粗犷狡猾的西北汉子们狂吃羊羔肉。虽然那时候条件很苦，但我们很快乐。因为我们简单、执着和真实。

我怀念那一段难忘的时光。

这是我在还没有确定剧本时就构思的"大将军"设计图。因为需要向上级领导争取一些经费，需要先设计一些有形象的东西给领导看。有意思的是，这幅设计最后也没做变化就定下来了。

敦煌是我的心结，也是我的"梦"。敦煌从根本上改变了我对民族文化的认识。敦煌给了我民族的自信与灵感。为此我七次上敦煌，不单单是去收集素材和临摹色彩，主要是去那一个个洞窟中感受那种梦的气氛，想要在千百年的积累中感受一种刻骨铭心的激动。渐渐地我认识了他们，渐渐地我爱上了他们，可能这种爱会一直把我带到"梦"的深处。

我试图用一种史诗风格的浓厚色彩与材料编织一个梦的影像，无论是画工众生，还是荒凉军团；无论是沙漠中如幻的黑色精灵，还是彩帛中五彩的飞天；无论是大将军愚

莽的误杀，还是"月牙"与"莫高"撕心裂肺的爱情悲剧，我已经融化在"梦"中，甚至色彩与材料已经不重要了，重要的是人物已经活了起来，重要的是故事已经让心感动。我有时想，也许这才是服装设计的最高褒奖，这才是设计师最美的享受。

是真的东西一定假不了，是美的东西一定有生命。《大梦敦煌》从诞生至今常演不衰，创造了中国舞剧史上的神话和奇迹，几年来，足迹遍布全国，走遍欧美，到处赢得喝彩，这些其实是最有分量的奖牌。

感谢任燕燕女士与我一起为这个梦编织了美丽的衣裳，而且她的细致入微的工作，给我留下了深刻的印象。幸运的是我们一起为这样一部优秀作品做了一点

增光添彩的事，我们和敦煌梦一起插上了飞翔的翅膀。由于我有幸参与这部舞剧，不但与这些艺术家们结为好友，也与敦煌结下不解之缘。由此，在我的生活里，一次次与那些斑斓的壁画世界亲密接触，在清凉透心的夜晚注视着满天星斗，在微光出现的晨曦聆听细沙在月牙泉边嬉闹的声音……

敦煌改变了我的艺术观，也改变了我对人生和世界的看法。

这些设计稿，现在看画得很拙，人物形象也很概念化，真实反映了我当时的创作水平，而且记得当时自己还很得意呢！由此可见，时间能让人看清世界，也能看清自己。

应该说，在《大梦敦煌》之前我已经做过一些舞剧了。但从没有一部舞剧让我如此牵肠挂肚。不是因为其他，而是因为这部舞剧诞生的艰难和传奇的经历。对我来说，这里面的人物已经生活在我的世界里了。多少年过去了，每当那熟悉的旋律响起，都会勾起我无尽的怀想。

戏剧人物服装设计：韩春启舞台作品精选

舞剧—《大梦敦煌》

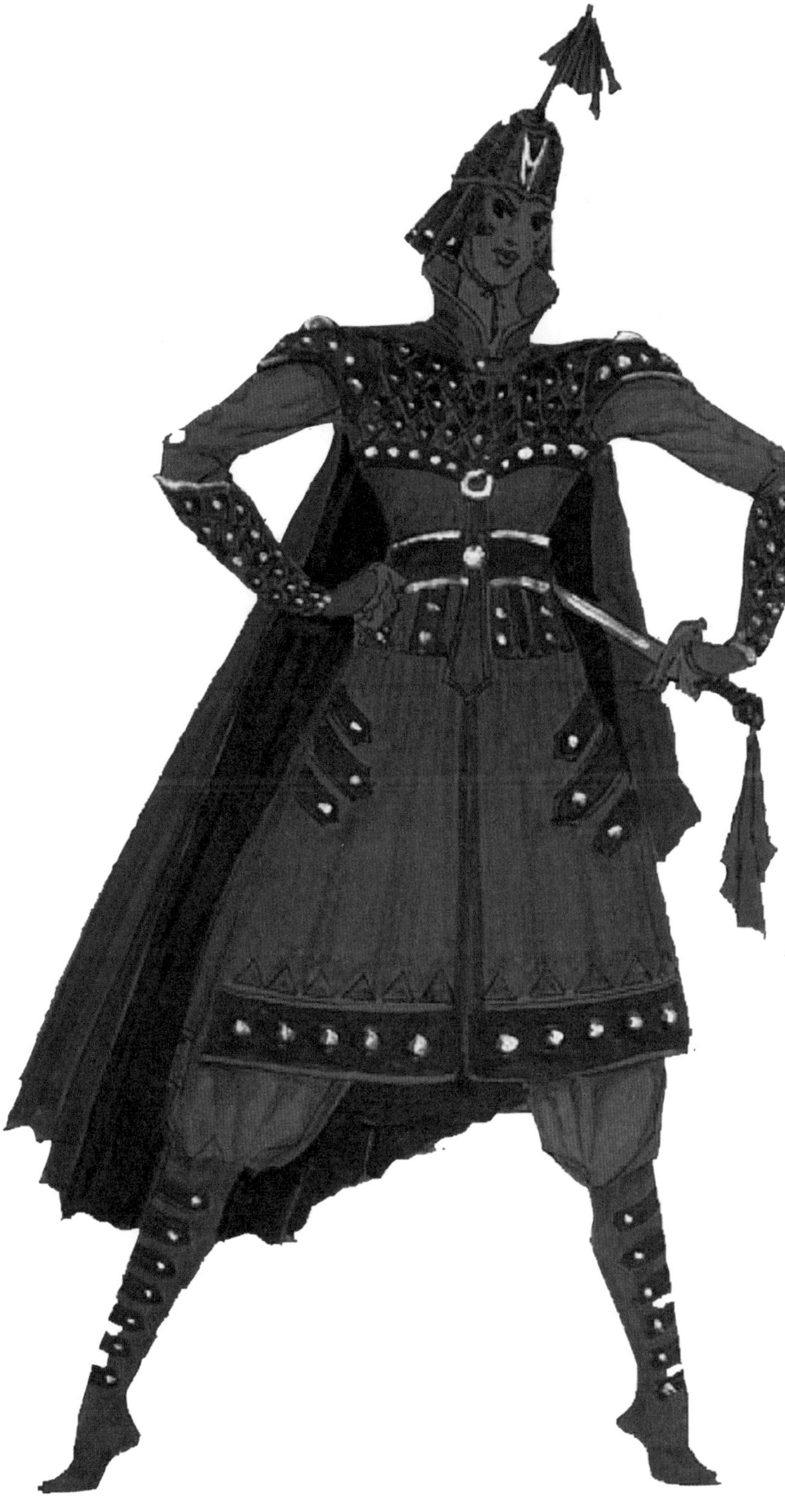

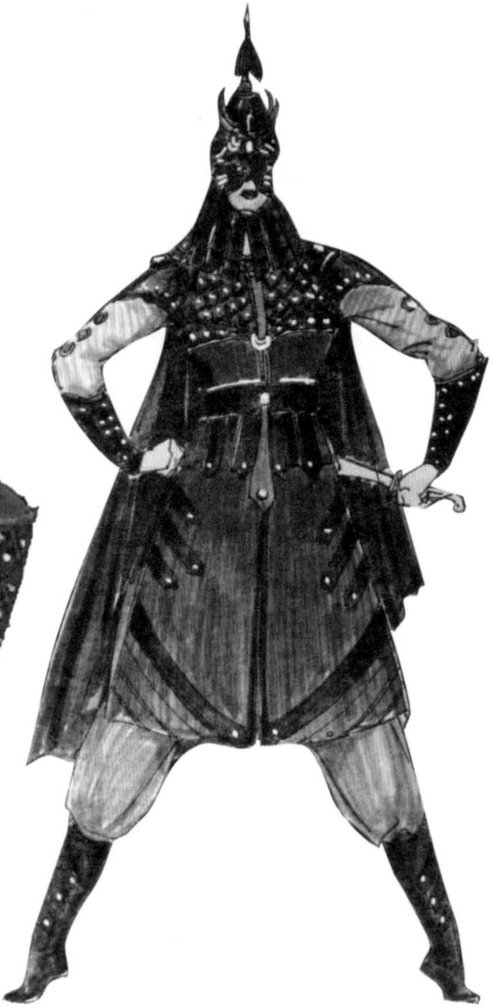

我是通过这个舞剧认识的敦煌，还是通过敦煌我迷上了"飞天"，我真的说不清楚了。只是在今天突然感到"飞天"的造型、姿态以及所带来的那种奇妙的韵律，影响了我对民族艺术的认识，点燃了我一生对艺术的追求！

有时，我感觉自己太幸运了，好像冥冥之中有一个命运之神环顾我左右，让我在追求的道路上始终能贴近真实的理想又畅游在艺术的梦境之中。这一切带给我的不仅仅是艺术的欢愉和感动，还有对人生、对生命的温暖记忆。

由此，我现在相信天命，它就是真实地面对生活，面对人生。用手中的画笔去创造美好，用自己的绵薄之力去帮助别人。因为这是艺术的真谛，也是生命的美好。

戏剧人物服装设计：韩春启舞台作品精选

《情天恨海圆明园》

Love and Hate in the Summer Palace

北京天桥剧场，2001 年 12 月 15 日首演于北京，

2015 年 10 月 15 日演于北京天桥剧场（本剧改名为《圆明园》）

编　　剧：	赵大鸣
导　　演：	陈维亚
作　　曲：	赵季平
舞台设计：	高广建
服装设计：	韩春启
灯光设计：	沙晓岚

　　我认为舞剧《情天恨海圆明园》是一部非常好的戏剧作品。但事情就是这样奇怪，好作品不一定能有好出路、好命运。舞剧《情天恨海圆明园》就是我一生遇到的最令人惋惜的作品。对我来说，这是我继舞剧《大梦敦煌》之后很重要的一部作品，而且也投入了大量的精力和情感。但它却没有像《大梦敦煌》一样，仅仅演出了几场就销声匿迹了，特别令人惋惜。让我惊喜的是，当这本书要出版的时候，得知该剧改名为《圆明园》，要再次演出于北京。还是那些服装，还是首演的剧院，只能说是上天的安排。

　　历史上的圆明园对中国人来说永远都是一道难以愈合的伤疤，每每提及都让我们不禁思考它对祖国和人民的意义何在。今天，留下的残垣断壁依然在告诫着我们，一个国家和民族的危机和警醒。我在做这部舞剧的时候，希望能在这些历史洪流中，发现和复原一些"小人物"的精神世界，在那些不能左右自己命运的人群中，寻找真实的情感和抗争的命运。包括舞剧中的"太监"这个坏人，其实也是有血、有肉、有情的人物。

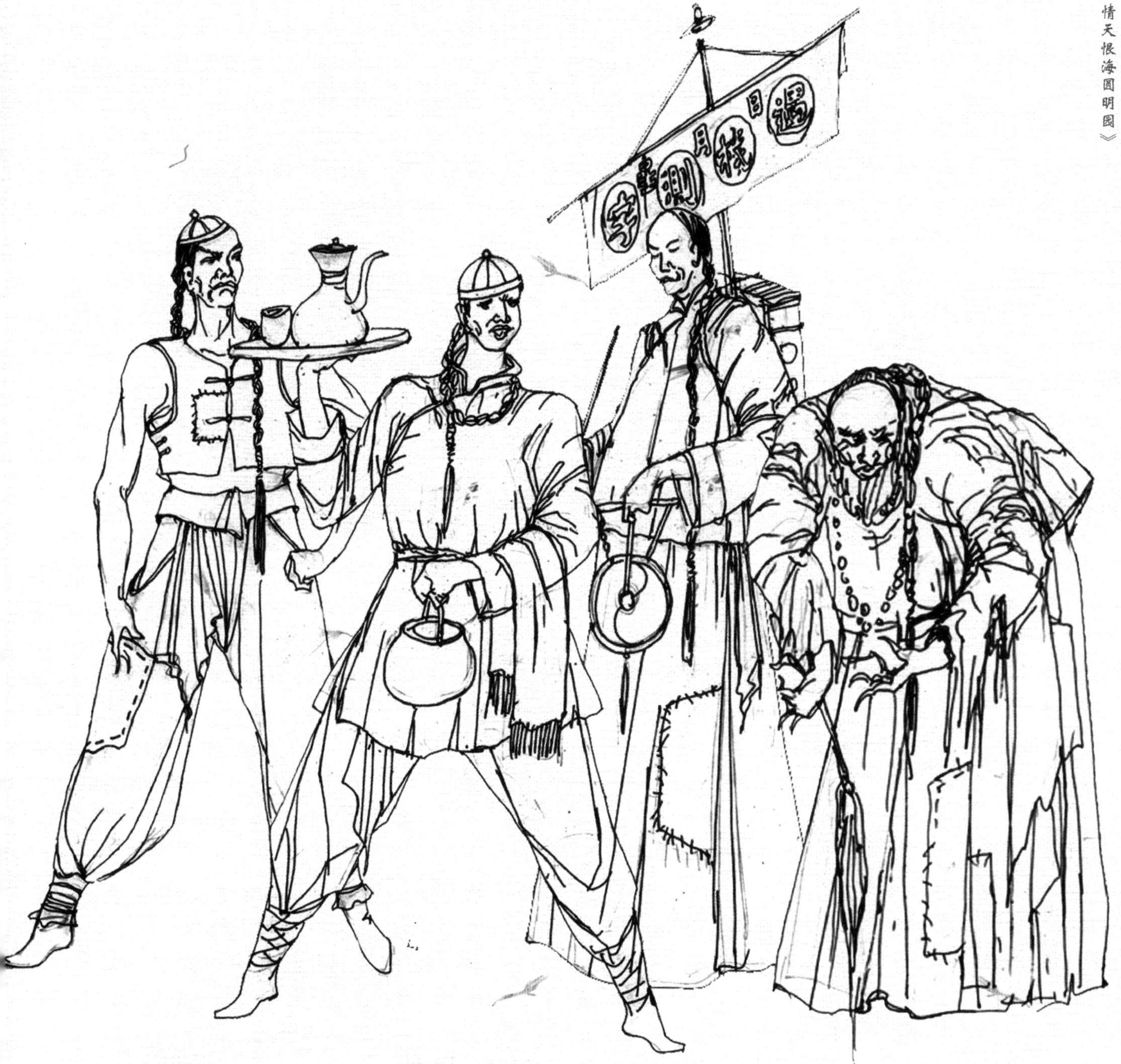

数年来，我搞的真正舞剧并不多，真能让我动心的也不多。而《晴天恨海圆明园》就是我特别看重、倾注心血的一部，原因有几条：

一是题材本身吸引我。圆明园是中国人的奇耻大辱，每一个中国人不应忘记这段历史，它的废墟就在我们身边，每当看到这些，心中总是隐隐作痛。用舞剧的形式表现这一段历史，会引起我们对未来的思考。

二是圆明园的美已不复存在。它的美只能显现在每个中国人的梦里，表现梦境中的美总是令人神往的，而表现美被粗暴的损毁，也总是能激发人的深刻情怀。

三是人。建造这些美丽园林的人们，是那样普通，那样"无知"，那样粗陋。但就是他们创造了令世界惊叹的美。他们同样有如磐石般的意志，如胶似漆的爱情，动人的故事，他们才是历史的主人。就连剧中的反面人物"太监"同样表现出了人性的复杂。他残暴，凶恶，为虎作伥，同时也有对美、对情的渴望。但这一切都在一个大的历史悲剧中化为一股升腾的烈火，烟消云散。

从专业上讲，清戏已经比比皆是，再在舞台上演绎很难有新的突破。而恰恰是这一点，吸引着我迎接挑战。在服装造型上，我使清服更"舞剧化"；在色彩上，我追求艺术的"写实性"；在不同人物的组合中，我强调夸张与象征。总之，它倾注了我真诚的用心。

我一直认为这个舞剧是非常优秀的，整体上表现了当代中国舞剧的最高水平，可惜的是由于种种原因，这个舞剧演出很少，但我相信它的未来，因为真情永远能打动人。

就在我审稿的时候，传来了该戏复排的消息，改名为《圆明园》，让我觉得世界上的事情真的是"等待就有希望"。

戏剧人物服装设计：韩春启舞台作品精选

戏剧人物服装设计：韩春启舞台作品精选

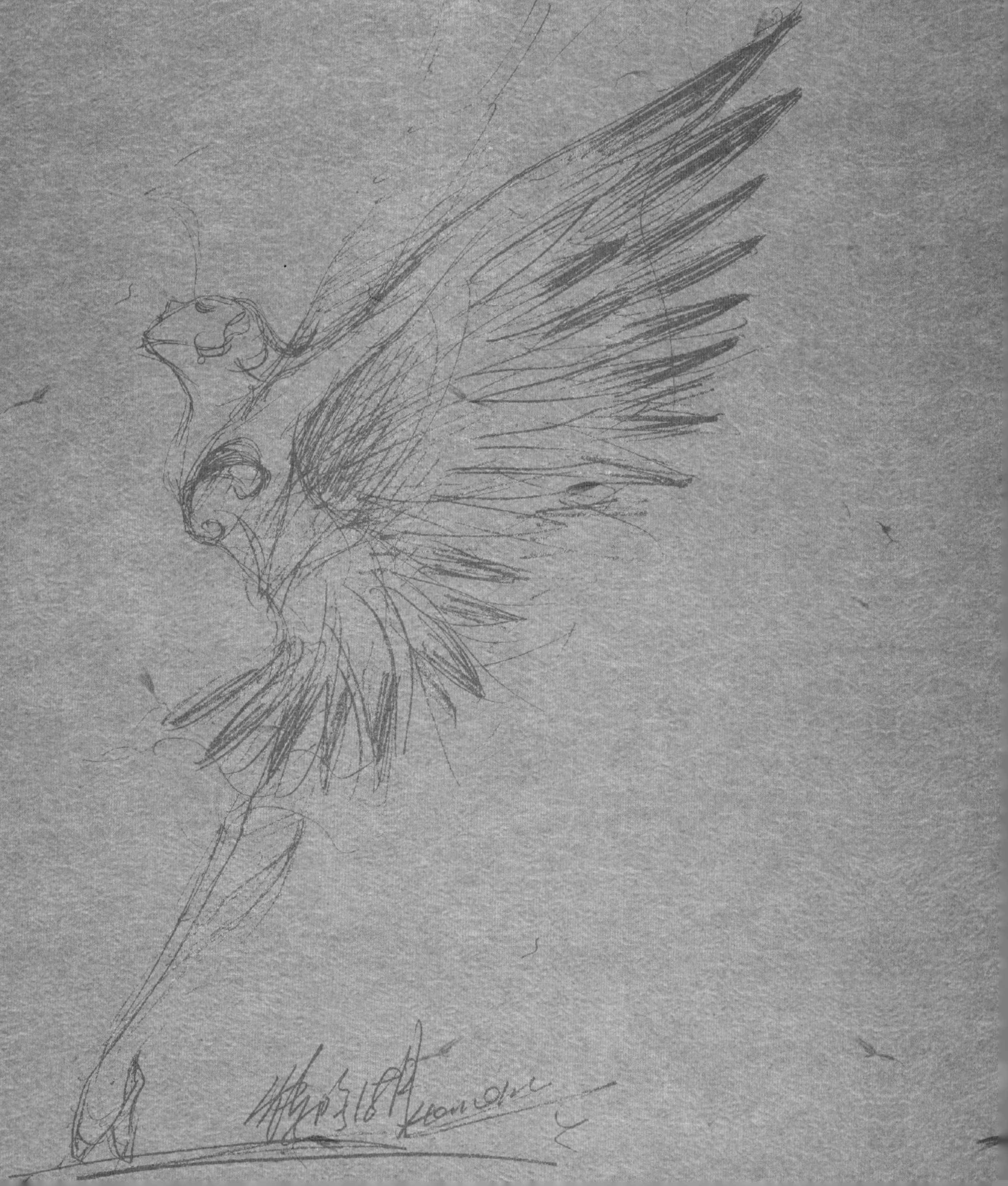

《鹤鸣湖》

Lake of the Crying Cranes

北京保利剧院，2009 年 7 月 29 日首演于北京

编　剧：冯双白　罗　斌
导　演：王　举
作　曲：贾达群
舞台设计：孙天卫
服装设计：韩春启　陈晓君
灯光设计：孙天卫

戏剧人物服装设计：韩春启舞台作品精选

《草原记忆》

Memories of the Grasslands

锡林郭勒盟民族歌舞团，2010 年 11 月首演于北京中国剧院

编　　剧：王晓岭
导　　演：邓锐斌
作　　曲：张　朝　亢竹青
舞台设计：张建林
服装设计：韩春启　阳东霖
灯光设计：蒙　秦

　　舞剧《草原记忆》，一个动人的故事，感动了我也感动了我的学生。它通过温暖的故事拨动人类情感，表现人间大爱。

　　我虽然身为内蒙古人，但对蒙古族文化却是白丁。后来在工作中接触了一些内蒙古题材的作品，才有所了解。通过这部舞剧的创作，我又一次感受了草原民族那种博大宽广的胸怀。这一段历史，在蒙古族的历史中留下了深深的烙印，成为了永久的记忆。

　　舞剧中这一段真实的历史，只是近代蒙汉民族情感的小插曲，但已经足以让我们体验那种真情和爱。这个舞剧我带阳东霖一起做，我要求他从创意会到与导演沟通的每一次会议都不能缺席，同时要自己完成所有的设计和制作，包括演出合成的全部工作，因为他已经具备非常优异的单飞条件了。他完成得漂亮利落，已经初显一个成熟设计师的模样。后来他的所有创作经历证明我的判断没错。

　　我从来没有把一个舞剧的服装看得比舞剧都重要，但是也从未敢对设计的任何细节掉以轻心，特别是当带着学生的时候。从这点上讲，我都特别感谢那些与我一起做设计的学生，是他们让我始终把握住了做人从艺的道德底线。

戏剧人物服装设计：韩春启舞台作品精选

《徽班》

The Anhui Theatre Troupe

安徽省歌舞剧院，2011 年 8 月首演于合肥

编　剧：许　锐
导　演：王　舸
作　曲：程　远
舞台设计：周立新
服装设计：韩春启　程　程
灯光设计：蒙　秦

我是做衣服的。

我为演员穿上各色行头，常常陶醉在情节的细腻里而享受着戏剧的感动。描画心中的人物其实也陶冶自己的心灵。为此，我总把衣服看作是人灵魂的形状——美丽或丑恶、平庸或伟岸，萌动着浓浓的生机，散发着生命的味道。

历史上曾经有一群人，用他们土生土长的喉咙，吟唱呼喊十分独特的音调，演绎着人生的悲欢离合。徽班，是一帮凡夫末流之辈，他们生活在社会最底层。人生如戏，喜怒哀乐愁，起落百态，平凡而悲凉地为生存奔波；徽班，又是一群历史的缔造者，他们生活在灵魂的天堂。戏如人生，生旦净末丑，个个真情实感，梦幻里渴望帝王将相与爱恨情仇。

人如蝼蚁，芸芸众生，自生自灭，在血雨腥风的时代大潮中沉浮挣扎。戏大如天，肝胆相照，生死相从，在天堂的舞台上他们用生命演出着男女真爱、兄弟深情。

他们平凡的浪迹，早已湮没在历史的洪流中，他们曾经的腔调，正在干涸的精神裂缝里蒸发……但不应该忘记，就是他们孕育了"国粹"的诞生，虽然历史上没有他们的姓名，他们默默地退出了戏台，但他们的灵魂却深深镶嵌在国人的心里。虽然这生动已渐渐埋没在浮华的烟尘里，虽然这鲜活正消散在记忆的模糊中。

时间是一条无始无终的河流，但历史却在漩涡中演绎着相似。

今天，依然有一群人，不是大腕明星，也不靠哗众取宠，他们默默耕耘，辛苦追寻，在一片浮躁与喧哗中寻找着艺术本真的宁静。他们用虔诚的心与独特的方式编撰了一个故事——徽班，试图拨开曾经久远的尘封。他们没有姓，没有名，就是一群戏子，就是一组百戏行当。演戏人生，平凡有情，心对心，情换情，能否唤醒那一群鲜活的生命？我看不清他们的衣服，但我确依稀认得他们的身影；我记不得他们的姓名，但我却能感到他们鲜活的个性。徽班，只是一群唱戏的人，他们不是英雄，他们平凡甚至平庸，但他们与我进行着人性情感的沟通。

所以，虽然不是电影，在梦里我却能看见那些衣服的褶皱；虽然不是话剧，在心里我却能感到徽韵的对白与心的跳动；虽然不是戏曲，灵魂深处我却能听见那高亢的悲腔与深情的歌吟。我力图将他们身影呈现在你我的眼前，让他们自己去为你讲述那历史的曾经，让他们那平淡的故事走进你我的心灵。

我不是做衣服的，因为他们本来就是那样。

徽班，一抹追寻真爱的印记，一个人生灵魂的缩影。

《格萨尔王》

The Hero King Gelsall

成都军区战旗文工团，2012 年 2 月首演于成都

编　　剧： 冯双白
音乐总监： 张千一
导　　演： 李西宁
舞台设计： 周丹林
服装设计： 韩春启　吕　云
灯光设计： 刘文豪

舞剧《格萨尔王》的创作经历，成了我心中一块痛苦的伤疤。这个舞剧设计完成后，我并没有参与它的制作过程。我一直认为服装设计不仅仅是设计图纸，更重要的还包括制作体现。从某种意义上讲，制作体现甚至更重要，首先，再精细的图片也无法完全对位材料和工艺的质感；其次，在制作阶段才有可能更加对位具体演员与角色的关系。

不管出于什么原因，设计师没有承接和监督制作过程总是一个非常遗憾的事。我也开始检讨自己是否在某些环节上缺失了什么。

之所以在这里将这些图展示给大家，一是从教育的角度可以总结些经验，二是也给自己树立一面检讨创作的镜子。

另外，我的学生吕云为这些效果图的呈现付出了太多的心血。同时这些图片的实体样衣也都基本制作完成，作为一个很典型的不完整案例，将它亮出来也给同学们一个提醒。

《红楼梦》

Dream of the Red Chamber

德国多特蒙德芭蕾舞剧院，2012 年 11 月首演于德国
香港芭蕾舞团，2013 年 10 月 25 日演于香港文化中心大剧院

编　　剧：基斯·拜尔（Christian Baier）
　　　　　（奥地利）

导　　演：王新鹏（德国，华裔）

作　　曲：米高·尼曼（Michael Nyman）
　　　　　（英国）

舞台设计：弗兰克·费尔曼
　　　　　（Frank Fellmann）（德国）

服装设计：韩春启　崔晓东　邝湘芝

灯光设计：张国永（香港）

戏剧人物服装设计：韩春启舞台作品精选

　　这个版本的芭蕾舞剧《红楼梦》，不是我们惯常习惯的那种样式。这是一个带有传统与荒诞焊接式的现代舞剧作品。

　　艺术的伟大和意义也在于同样是表现一个事件，或者一个故事，亦或一段历史，但是它却从不同的角度，阐述不同的意图，由此能折射出一个更大的艺术空间，并让人产生更丰富的艺术联想。这个《红楼梦》舞剧就有这样的创作意图。

　　由于是与国外优秀的团队和剧院合作，对于我来说是一次非常难得的教学机会。所以我带了崔晓东和郦湘芝两个研究生一起进行设计。从中我们不但了解国外剧院的服装设计和制作的一般情况，而且通过这样与国外导演和主创的直接交流沟通，也使我们在创作习惯、理念以及制作材料工艺呈现等方面，增加了很多见识，也受到了很多教益。

　　这个舞剧在德国当地演出受到关注和好评，在第二年直接移植给香港芭蕾舞团演出。在对比了解国内外设计观念的差别以及技术制作流程差异等方面，《红楼梦》舞剧提供了非常难得的教学案例。

《太极传奇》

Tai Chi Legend

河南省歌舞剧院，2013 年 1 月 19 日首演于河南艺术中心大剧院

编　　剧：朱　海　韩春启
导　　演：陈维亚
作　　曲：郑　冰
舞台设计：苗培如
服装设计：韩春启　崔晓东
灯光设计：张顺昌

舞剧《太极传奇》中我有着双重身份，不但是本剧的服装设计师，而且也是编剧之一。在最近的十几年艺术创作中，我切身体会到设计师应当具有开阔的视野和较高的文化艺术修养，不能仅仅满足于一些技术环节，而应该以艺术家的高度来要求自己、衡量创作。

在戏剧创作中，一个具体的表现就是所有的设计要从戏剧出发，从戏剧结构出发理解人物。这样，你不但能比较深刻的理解人物，而且也容易比较准确的抓住人物的特点。

像舞剧《太极传奇》这样的题材，人物设计其实真的有些"难度"。这难度不是人物形象难以把握，恰恰相反，是人物形象太容易把握了，所谓的设计感反倒变得很难体现了！

设计的悖论在于你如何控制"度"。我认为，那些在人物身上"强加元素"或者"减去多余"的设计，不一定都是高级的艺术，反而那些不露痕迹的设计能够让人物具有内在的灵魂。

也许，我们终有一天会认真的地考设计的内涵。

戏剧人物服装设计：韩春启舞台作品精选

《红高粱》

Red Sorghum

青岛歌舞剧院，2013 年 7 月 14 日首演于青岛

编　剧：咏　之
导　演：王　舸　许　锐
作　曲：程　远
舞台设计：周立新
服装设计：韩春启　崔晓东
灯光设计：蒙　秦

《红高粱》是著名作家莫言最负盛名的小说作品，也是中国文坛上的里程碑作品。而我有幸参与其舞剧《红高粱》的创作，收获很大，也对整个创作环节进行了思考、总结。

一、舞剧《红高粱》的故事性与戏剧性

全是俗话，但还是得说。舞剧最不擅长讲故事，但舞剧又必须有故事。舞剧是戏剧，但舞剧又不是一般概念的戏剧样式。这样的矛盾性和冲突性突出了舞剧创作的特点，同时也带来了舞剧艺术独特而强烈的魅力。但是，我们在很多舞剧作品中，却很难去感受故事结构的流畅和戏剧情节的感动。我说的故事结构和戏剧情节并不是特指生活场景的再现（当然也不排斥经典生活情境的再现）。舞剧的戏剧性需要以一种不太常见的形态来体现，那就是舞蹈动作，或者也叫舞蹈语言。我想，在舞蹈理论家眼里，这当中一定有非常专业的研究理论和分析。但对于一般观众来说，舞蹈动作常常是生活动作和创作形态的混合体（我将从生活动作中提炼的艺术动作称为"创作形态"）。在我看来，这些混合体就如同是一篇文章中的字和词，如何用这些字词组织成一个好故事，同时还能欣赏这些字词的美，就是检验一个舞剧编导功力的试金石。

舞剧《红高粱》，在我看来就是运用这些创作形态的范例。它用独特的舞蹈语言讲述了一个动人的故事。对编导来说，舞剧的故事性不是简单地从文学作品中节选片段的焊接，而是在此基础上，以舞蹈思维和舞蹈戏剧形式来组织结构，重新混搭，编创了一种来源于文学、脱胎于电影、但又是一种创作的"新"故事形态。舞剧《红高粱》摒弃了一般舞剧中戏剧表演加动作展示的套路，既没有腰腿、跳转的炫技讨掌，也不是信马由缰的梦境诗化。而是用朴素简洁的动作语言，干净利落的剥离出"待嫁憧憬""颠轿野合""祭酒赴死"等一系列极具戏剧性的故事情境。在这个你既熟悉又陌生的故事线索里，叙述的角度可以自由转换，以"九儿"的视角看"待嫁"，以"罗汉"的视角说"杀人"，以"我"的视角看"扒皮"，以中国人的视角看"祭酒赴死"。人物鲜活生动，情节处理巧妙起伏，场面调度自由灵活，以浓浓的情感宣泄完成了一段可歌可泣的人文述说。编导在处理这样一个宏大场面和复杂的人物情节关系的作品中，寻找到了一种独特的舞剧表达方式。虽然这种表现方式还存在一些不足的地方，但舞剧《红高粱》的戏剧性与故事和动作的表现，在完成戏剧性与舞蹈结合方面，为我们提供了一种新的思路。

二、舞剧《红高粱》戏剧性的时空表达

戏剧的发展史告诫我们：发展，必将会对传统构成挑战，甚至反叛。这并不是对传统的否定，而是对传统的丰富和补充。舞剧《红高粱》的戏剧样式和形态已经不同于传统的舞剧叙事方式。它不是停下来完成戏剧故事动作（哑剧形态）再展示舞蹈动作，也不是以所谓"诗意的画面和构图"来制造戏剧场面，而是在一组组戏剧舞蹈表演中游走，将人物关系、戏剧情节和矛盾冲突凝合在一起向前推进，从而形成一种新的戏剧表演样式。需要指出的是，在舞剧《红高粱》中，编导将人物和故事的时空关系有意的弱化和虚化了。或者，也可以说，是人物塑造的强度和故事发展的浓度冲淡了时空的界限，而这也恰恰构成了这部舞剧新的叙述平台。这种主动地追求和处理，对故事的叙述和人物塑造带来了不同的表现和链接方式，使舞台空间中的景物和人物不必拘泥于某些特定的生活空间，而是以"写意观念下的超级写实"形态，景随事变，物与心移，紧紧跟随角色的情境、心境而动；同样，在这种创造性思维的编导处理下，角色人物的时空表现又被大大拓展了。一个生活时空的角色在表现戏剧性和性格特征时，可以自由的、但又是可以理解和被人看懂的幻化出"人物意象"，从而烘托现实人物的性格和心境，将舞蹈中常用的、虚拟的"意"与现实情境中的"实"搭建成一种新的表现形态，既讲述了故事的发展，也帮助和强化了人物形象的塑造。从"麻风病人"到"九儿憧憬"，从"酒坊中伤"到"母亲深情"，这些意象化人物的处理结构，不但辅助推动了整体戏剧情境的发展，而且为角色人物的独特表达提供了有情有形的表演方式。需要重点提及的是，这些意象段落叠加在戏剧最后的"祭酒赴死"表现中达到了场面的震撼和意境的升华。此时，现实与意象已经完全融合在一起，对全剧的"生如高粱，死如烈酒"主题进行了高度凝练的阐释。

三、舞剧《红高粱》形象语言的丰富与统一

对一部舞剧来说，除了剧情结构和舞蹈编排的功力之外，其他艺术成分的融合与判断也是至关重要的。

　　第一是音乐。音乐之于舞剧的重要性不用赘述，但舞剧《红高粱》的音乐却值得三提，尤其是它的"沉"。作曲家在面对一个宏大的题材和电影音乐的高度压力下，能够沉下来做舞剧音乐实属难能可贵。这个"沉"不是沉重，而是能够以敏锐的判断和天才的努力沉浸在舞剧音乐的状态中。整部音乐深沉而不浮躁，沉稳而不失活泼，沉静而又阔达深刻，如同深厚的土壤中流出的浓浆，自信而平静的展开旋律的述说。

　　第二是"戏"。舞剧音乐不是作曲家单纯才华的展示。剧本往往先于作曲存在，它要求音乐能够溶解在戏剧过程中。也就是说，音乐要讲述和表达剧情或者故事。《红高粱》音乐最突出的特点就是"有戏"。它虽然非常完整，像一部交响乐作品，但是它的每个旋律主题和节奏转折都紧紧地围绕着戏剧的发展。特别是在"祭酒赴死"音乐的处理上，强烈的戏剧冲突将作品主题推向高潮，巨大的心灵震撼带给人们对生命意义的极致思考。这种戏剧性的音乐处理在现代舞剧音乐创作中是不多见的。

　　第三是"情"。音乐抒情本为常识。但舞剧音乐的抒情却有着一定的限制和不同的要求 。最基本的就是与故事情节和人物情绪对位，也就是我们常说的不能两张皮。舞剧《红高粱》音乐中情的表达，呈现着人物与情境的执着与悲怆。从戏剧出发，期盼与憧憬，爱情与野合，同情与无奈，悲愤与豪情，一段段、一曲曲酿成一坊浓烈深沉的酒，撞击着我们情感深处的感动。在胶州秧歌的旋律里，我们似乎闻到了高粱酒的味道，当唢呐在悲愤的交响中出现，我们的心被深深的划割。音乐的魅力把我们一把推进了高密的高粱地，让我们似乎在奇幻的时空中面对面地感受着"爷爷和奶奶们"的情感浓度。除了音乐本身的美，它为戏剧和人物构架了情感生长的年轮，同时，它也为舞剧带来了不一样的视听形态。

　　在此特别要提及的是本剧的服装设计。作为设计师，我知道在一般观众看来，一群农民的服装似乎都不用设计，但行里人都清楚，越是简单的才越是难设计。我带领学生现在呈现出来的样式和效果基本上达到了预想，但距我所希望的"没有设计感的设计"还有一点距离。我感到，舞剧《红高粱》的总体风格有一种魔幻现实主义的影子，所以，它的人物造型更强调真实和历史感。在此过程中，我的学生崔晓东花费了大量的时间和精力来做各种实验，当然也获得了很多收获。

OPERA

本没有机会做歌剧，所以对此研究也很少。但自从有幸与曹其敬导演合作为中央歌剧院创作歌剧《霸王别姬》后，就一直跟随曹导连续做了四部歌剧，所以才有了这些戏剧人物的服装设计图。

以前对歌剧不了解，所以也不喜欢歌剧。原因有二：第一就是听不懂，第二觉得不好听。但由于专业的关系，却一直非常关注歌剧的设计——从舞台到服装。我认为歌剧比舞剧还要"装"，演员的虚拟性更强，此外，它强调歌唱，高声顿足的演唱配有歌词，能让人懂，但却在一定程度上弱化了想象。

但在引导学生学习戏剧服装设计的过程中，我则特别看重歌剧。一般来说，歌剧的戏剧感不如话剧，但强于舞剧，而对于学生来说，这是认识戏剧最佳的"中段位置"。几乎可以了解、探索所有的"戏剧规律"和"戏剧悖论"。歌剧中，对戏剧人物的分析可以找到依据，相对完整的文学剧本而言，歌剧中也包含了较强的戏剧冲突和人物个性特征，同时又具有很大的艺术创作空间——戏剧形态和表演方式，唱和演的形式与现实生活相对近似又特别遥远。所以，我认为歌剧，特别是西洋歌剧是戏剧教学中最重要的环节。

虽然我只跟随曹导做了四部歌剧，而且全部是中国题材。但这些歌剧都是按照西洋歌剧的表演形式完成的。通过这四部歌剧的服装设计，我获得了一些切身体会。

第一就是过瘾。相对于舞剧和舞蹈，歌剧的人物感都比较"厚重"。因为歌剧演员的动作幅度不大，在服装的形、质和材料方面，有较大的塑造空间，使人物显得厚重、有分量。所以做过歌剧以后，似乎能发挥对材料和质感的追求，有一种过瘾的感觉。

第二就是丰富。歌剧中一般都包含舞蹈部分，有些剧目舞蹈的段落还比较多。因为历史上舞剧就是从歌剧中分离而出独立成戏。所以，歌剧服装设计中既能着力的强调戏剧人物的质感和厚重感，同时也可以对比着设计舞蹈感很强的舞剧人物形象，两者弄得好可以相得益彰，互相提气。

　　这里选择的四部歌剧全是与曹导合作的。我认为歌剧对于学生来说是全面的学习，从第一部《霸王别姬》开始，我就带着研究生一块儿做，让她们参与创作的全过程，从而给她们提前出师的时间和机会。我的学生陈晓君就跟我做了前两部歌剧，她现在已经是一名年青教师和设计师了。新的学生时业云、李特、骆云、胡岩、王雪莹和孟璇璇，她们在设计阶段就直接参与了后面两部歌剧的设计，这些服装设计图的后期润色也全都是她们所为。剧中很多款式也采用了她们的设计方案，特别是在制作、演出合成的修改几乎都由她们承担。所以说，这四部歌剧都是我和学生一起创作完成的。在这当中，我想她们每个人都会有自己的体会和收获。

　　我个人体会，在做歌剧人物设计时，虽然人物的动态减小了，但人物的动感却强化了！姿势的变化细节、人物的角度等显得十分重要。另外，就是人物的表情要强化个性和人物身份特点。特别要注意与演员的实际情况相结合，这样才能落到实处，有彩！因为歌剧演员的体型更接近常人，甚至还更胖一些，这就需要设计师准确对位、设计与修正。

　　第三就是材料的造型感，歌剧对服装材料一般不强调"飘"而重视"质"。不同的人物、不同的题材内容、不同的戏剧形态，都可能带来不同的材料要求，所以设计师要对材料进行比较深入的研究与把握。当然也要将制作工艺与材料特性结合起来，才能做到人物造型的适度与切合。

　　总之，歌剧服装设计是一个充满挑战的设计领域，我希望今后有机会多做几部歌剧，让自己能对专业设计有更深的认识。期待着下一部好戏。

《霸王别姬》

Farewell My Concubine

中央歌剧院，2007 年 10 月 12 日首演于北京天桥剧场

编　　剧：王　健　萧　白
导　　演：曹其敬
作　　曲：萧　白
舞台设计：刘元声
服装设计：韩春启　陈晓君
灯光设计：邢　辛

　　歌剧《霸王别姬》是我第一次做歌剧服装设计。当时真的也没有多想，反正就是一活儿。可是在做的过程中却慢慢地静下来，开始琢磨它与舞剧服装和晚会服装的不同了。当时，我带着陈晓君一起，所以也有着教学的味道在里面。也就是说，我是和学生一起进入了一个新领域，共同去探寻其中的特点和规律。

　　但是做过之后就特别喜欢歌剧了。因为歌剧给人感觉正规、有序和过瘾。

《西施》

The Ancient Chinese Beauty Xi Shi

国家大剧院，2009 年 10 月 29 日首演于国家大剧院

编　　剧：邹静之
导　　演：曹其敬
作　　曲：蕾　蕾
舞台设计：黄凯夫
服装设计：韩春启　陈晓君
灯光设计：邢　辛

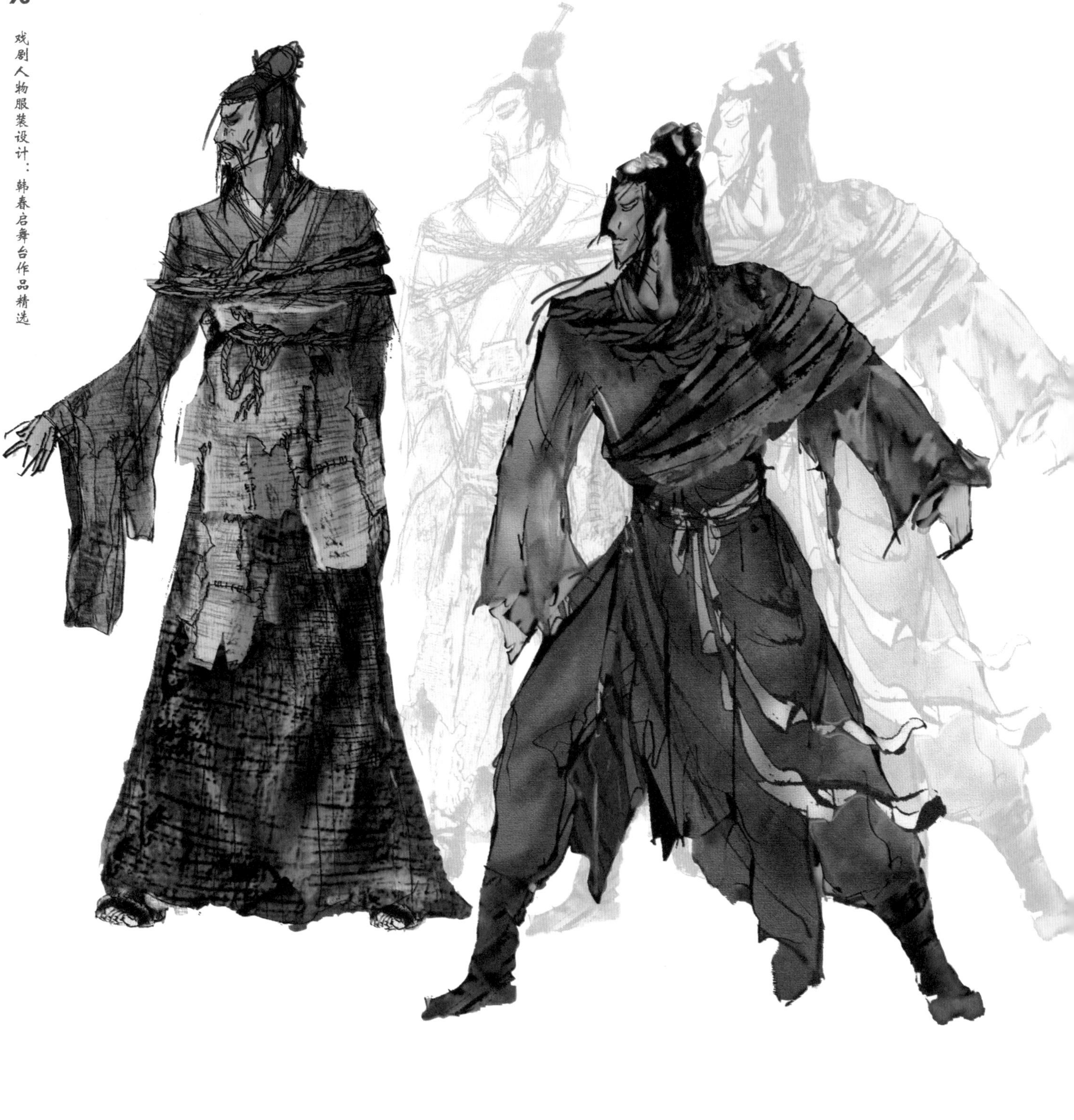

戏剧人物服装设计：韩春启舞台作品精选

歌剧《西施》是我接的第二部歌剧，这也是国家大剧院制作的首部歌剧。西施的故事耳熟能详，尽人皆知。但是歌剧能做成什么样，一开始心里还是没有底。当拿到剧本后，心里才真有些佩服。编剧编写得很好，歌词也写得很美。进入排练后，听到蕾蕾的音乐好听，我就更加有信心了。此歌剧特别像一部中国自己的轻歌剧！

对经典故事的题材进行创作反倒有巨大的难度和挑战性。从人物造型方面来说，我想人人心中都会有美丽形象的标准，就是西施本人也不可能满足所有人的形象标准，而设计师面对的是一个个具体的演员。好在歌剧是听的艺术，人们会理解设计师的创作，理解演员的表演和造型。

我带着陈晓君进行设计，进展很顺利，与曹导的合作也很默契，厂家也特别配合，所以演出效果还不错。听说后来已经演出了很多次。看来，一部好歌剧确实需要一帮真性情的高手才会有生命力。

国家大剧院的这部《西施》给我很好的机会，不但让我增加了教学案例，而且也真的给了我很好的艺术享受，我很喜欢这部歌剧的音乐和戏剧效果。

戏剧人物服装设计：韩春启舞台作品精选

《高山流水》

Lofty Mountains and Flowing Water

武汉歌舞剧院，2014 年 6 月 14 日首演于武汉

编　　剧：黄维若

导　　演：曹其敬

作　　曲：莫　凡

舞台设计：刘杏林

服装设计：韩春启　胡　岩　王雪莹

灯光设计：邢　辛

戏剧人物服装设计：韩春启舞台作品精选

很难想象编剧能够将伯牙和子期这样简单的故事编成具有可看性的歌剧。

武汉歌舞剧院的歌剧《高山流水》，不但把这样的简单变得有声有色，而且还能让人思考深刻的哲理。当然，作曲家莫凡的功夫了得！整个作品音乐优美流畅，并且具有很强的戏剧冲突，我以为这是非常难得的品质。

曹其敬导演更是功夫高，她对场面的控制调度以及人物关系的处理，更好的阐释了作品内在美的巨大张力！

这个歌剧我带着两个研一的学生设计，胡岩和王雪莹参与了全部的方案设计和工艺制作。这个歌剧的人物似乎比较简单，但是编剧将真实人物与虚拟人物处理在一个空间的戏剧结构，对服装设计来说还是有很大的挑战性。最后呈现出来的效果还是比较好的，学生和我都得到了锻炼，与武汉歌舞剧院的合作非常愉快，同时也得到了专家和导演的认可。

歌剧99 《高山流水》

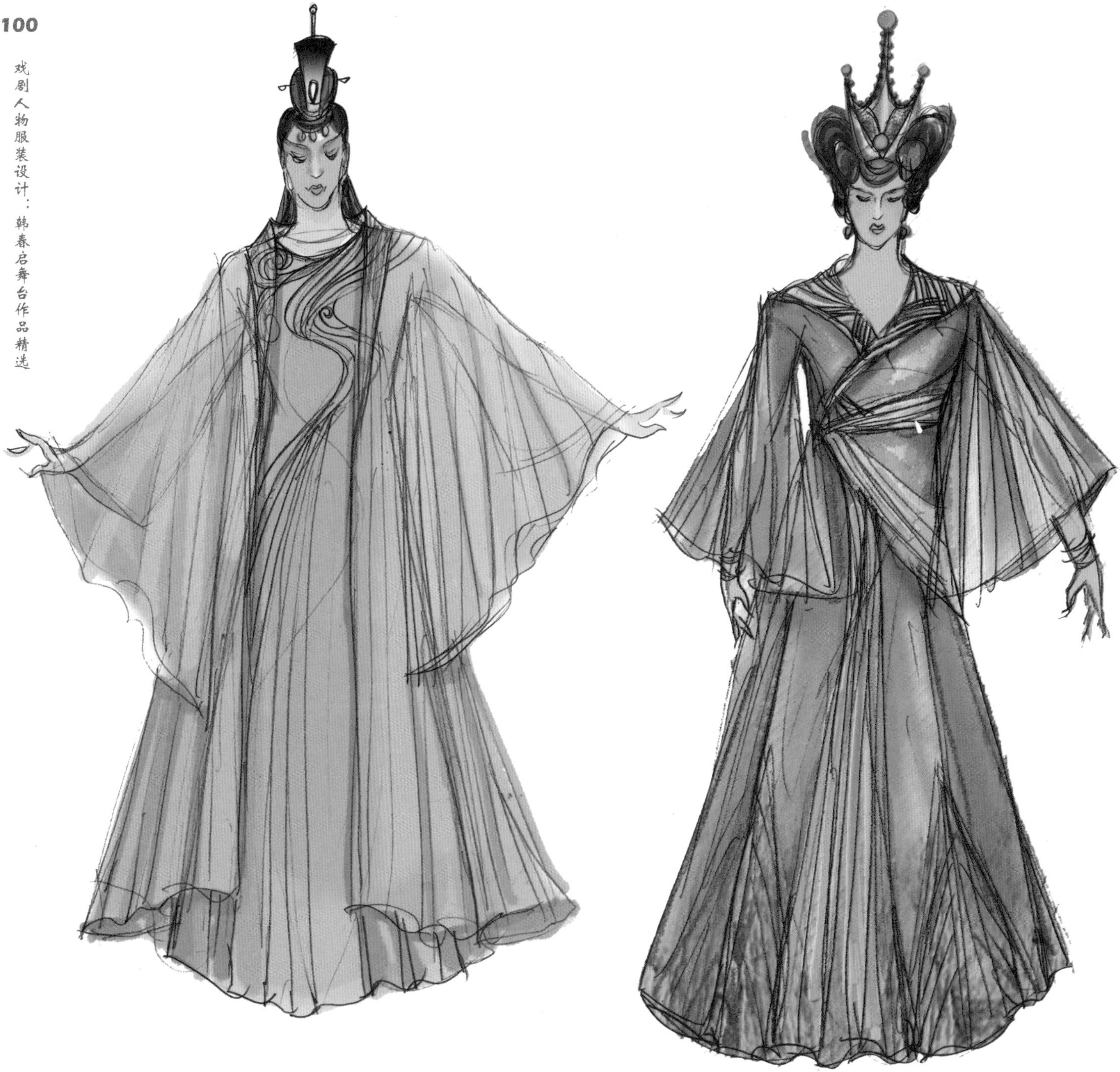

戏剧人物服装设计：韩春启舞台作品精选

《雪原》

Snowfield

辽宁歌剧院，2014 年 10 月首演于沈阳

编　剧：冯柏铭　冯必烈
导　演：曹其敬
作　曲：徐占海　郑　冰
舞台设计：罗江涛
服装设计：韩春启　李　特
　　　　　孟璇璇　骆　云
灯光设计：胡耀辉

辽宁歌剧院的歌剧《雪原》是2014年10月才上演的剧目。当我在写下这一段文字的时候，时值中国以国家的名义向祖国的先烈们进行公祭。特别在"九·一八"刚刚过后，第二又是国庆节，像是机缘巧合，我正坐在剧场中观看这部歌剧的首演。

这部歌剧给了我很多感想。首先是导演在一部歌剧中的作用。由于时间关系，这部歌剧剧本的创作时间很短，难免有些粗糙。但是就是这样一个剧本在曹导的手中还是被处理得可圈可点，由此可见曹导的功力真是名不虚传。其次是辽宁歌剧院由于长期没有大的剧目生产，且又处在新老交替的人才阶段，也给曹导带来不小的压力。经过曹导带领剧组一个多月的日夜排练，首演非常成功，让我刮目相看。此时此刻，歌剧的巨大张力正感染着我的情感。

在服装设计方面，我带着三个研究生孟璇璇、李特和骆云在设计观念定位和材料肌理审美两个方面都进行了有益的探索。从舞台呈现上看，真的取得了非常好的效果。当然，这与我们这个小团队的不懈努力是分不开的。特别是孟璇璇同学，几乎全身心投入到这个歌剧的服装设计和制作上。我想，她们都会得到自己的感受和经验。希望这个过程会为她们的未来带来有益的启示。

　　与舞剧相比较，歌剧中的人物鲜有大幅度、激越的形体动作，人物造型则趋于"静态"，需要有强烈的雕塑感，服饰要富有适度的体量。

　　歌剧《霸王别姬》是一部英雄末路的悲剧。西楚霸王的服饰坚挺、厚重，轮廓鲜明，有金戈铁马的征战韵味，准确地展现了西楚霸王"力拔山兮气盖世"的勇武气概。

——曹其敬

　　西施——中国古代四大美女之首。

　　在歌剧中，我们看到了浣纱女的清纯；吴王妃的华贵；陈江囚徒的凄美。

　　美哉！西施！

　　哀哉！西施！

——曹其敬

　　歌剧《高山流水》，剧中有两个阵营：一是超然物外的伯牙、子期与高山、流水等自然万象相融合的淡雅、质朴；另一是世俗社会或穷兵黩武，或奢靡享乐的浓烈、艳俗。不是历史剧，不拘泥于历史细节的真实，只彰显不同的精神追求——风格如此。

——曹其敬

　　歌剧《雪原》表现了东北抗日联军艰苦卓绝的抗战事迹，具有英雄主义的色彩，塑造了一群冰雪密林中的热血爱国者。军人群体的形象要硬朗、挺拔、精干。设计者独具匠心的运用肌理，把生活化的服装做了夸张，增强了服装的质感和厚重感，增强了人物形象的力度。

　　剧中马大娘的形象似一座山，顶天立地，是民族的脊梁。

——曹其敬

戏曲
CHINESE OPERA

以前觉得戏曲不是戏剧，是因为自己不喜欢戏曲，更是一点儿都不懂戏曲。

之所以这样是因为我从小就没有机会接触戏曲。还是在"文化大革命"时期表演的样板戏，让我才隐隐约约地对戏曲有些印象。后来了解了一些戏剧知识，开始学习舞台设计后，走的地方多了，眼界也开阔一些，特别是有机会接触了一些地方戏。戏剧的感染力给我的冲击令我喜欢上了戏曲。记得有一次观摩梆子戏电影《窦娥冤》，从唱腔到故事、从表演到场景我一下子就被震住了，感动的稀里哗啦，眼泪哗哗的。我真的没想到戏曲有这么大的感染力，从此也就开始关注一些了。

但戏曲毕竟是一门挺高深的学问，咱就是一土生土长的"包子"。从开始就听不懂戏曲的唱腔美韵，也分不清什么净旦末丑，更不懂什么流派风格。但是，一听到戏曲中那独特浓郁的曲调，那种带味道的声音总能瞬间就打动我的心。特别是那些北方的戏，如秦腔、梆子甚至是"二人台"，那高亢的、有时近似于呼喊的腔调，会一下子就将我的内心充满，不由得泪流如雨。也许是老了的缘故，年轻时确实很少这样。

我们的京剧到国外常被称为"中国歌剧（Beijing Opera）"，也许真的有些道理。就从最完整、最现代的戏剧观念看，戏曲与现代戏剧从剧种到人物、从音乐到唱腔（西洋叫"调"）无一不对位成戏。只是咱自己这么多年有些妄自菲薄，没太拿戏曲当回事儿，只把人家的西洋歌剧奉为戏剧正宗，所以戏曲越来越衰落了。但我真的认为戏曲是好东西，只是太高深、太丰富，也太中国化了，他们外国人接受不了，喜欢不起来，才没有走出去。

　　今天戏曲的命运真的不甚乐观。虽然各地都在振兴、创新但效果并不乐观。我一点也不悲观，戏曲历经几百年了，它已经在这块土地上扎下了根，虽说现在有些衰败，又遇上点新鲜的洋玩意儿，暂时把戏曲给挤到一边了。但风水轮流转，说到底，戏曲在中国总归也差不到哪儿去。现在科技如此发达，那些好的戏曲都会在博物馆保留下来。保不齐几十年后，那些年轻人翻出戏曲的精品，一下子就火了起来也未可知。

　　艺术这事可真难讲，甭管你信不信，反正我信了。

　　阴差阳错的，我也有机会做了几次戏曲的服装设计。近年的这两次还有些印象。一部戏曲叫《杨贵妃》，是部秦腔；另一部是几年前的评剧《胡风汉月》，主角是很有名的"角儿"，在评剧界很有影响。为了出书翻出了几年前的效果图底稿，重新让学生打理了一下，做个参考吧。

　　前几年还做过一个叫做秦腔交响乐《梦回长安》的节目，主要内容也是戏曲，只是想要创新的探索一下。据说还作为当地的旅游演出表演了一阵子呢。这次编书也把它放到戏曲部分了。

秦腔《杨贵妃》

The Ancient Tang Beauty Yang Gui Fei

西安秦腔剧院有限公司，2009 年 8 月 15 日首演于西安易俗大剧院

导　　演：李学忠
编　　剧：罗怀臻
舞台设计：何礼培　张崇学
服装设计：韩春启　吕　云
灯光设计：齐仕明

戏剧人物服装设计：韩春启舞台作品精选

戏剧人物服装设计：韩春启舞台作品精选

评剧《胡风汉月》

The Story of Cai Wen Ji

河北省石家庄青年评剧团，2000 年 10 月首演于石家庄

导　　演：张秀元

编　　剧：姜朝皋

舞台设计：高广健

服装设计：韩春启

灯光设计：刑　辛

戏剧人物服装设计：韩春启舞台作品精选

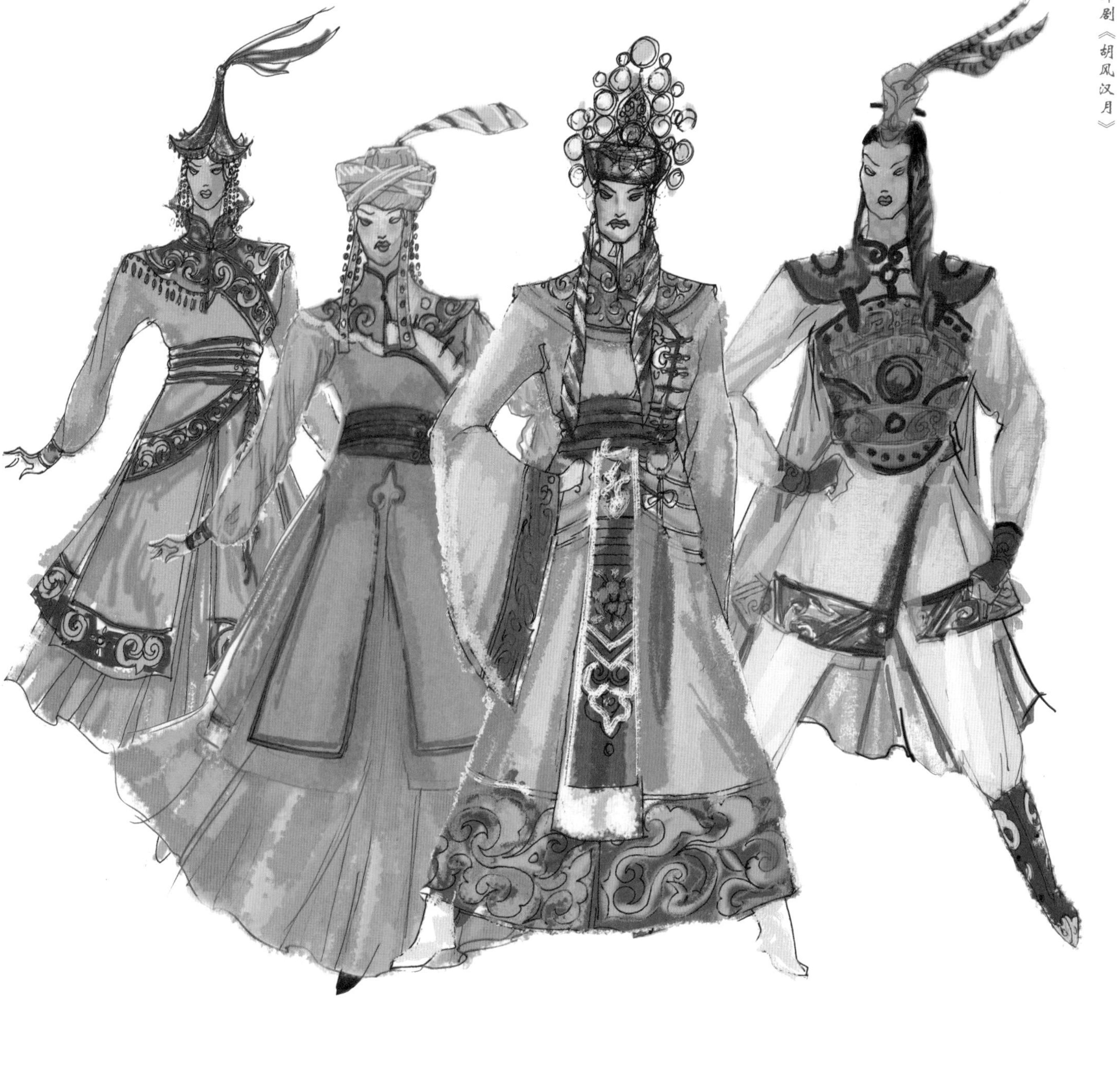

秦腔交响乐《梦回长安》

Dreaming of the City of Chang An

西安曲江演出集团，2011 年 4 月 6 日首演于西安

导　演：陈维亚
舞台设计：姜浩扬　王　臻
服装设计：韩春启
灯光设计：穆怀恂

音乐剧 MUSICAL

一个外来的剧种形式，在中国折腾了二十几年，至今还没有一部叫得响的剧目。这就是我对中国音乐剧创作的基本感受。

以前不了解音乐剧，觉得音乐剧一点儿都不"高大上"，太俗。可是后来看了一些音乐剧后，慢慢发现，我们那些得过各种奖的所谓高尚戏剧大作，真的远不如有的"俗剧"好。有的音乐剧一演就是十几年、几十年，还有观众，咱能拿出几个这样的作品？

我认为，至今我们还没有真的弄懂什么是音乐剧。有的人对此不以为然："不就是唱歌加舞蹈加表演吗？！这玩意儿咱早就有了。"有的人总能找出历史上的先人创造，更显出现在的无能和无知。还有人认为音乐剧是商业戏剧，动辄就是大把金钱投入，怎能不出好戏？看似有道理其实差矣，音乐剧是商业戏剧没错，其他戏剧也没有白请人看戏啊？有人说投入高，现在也有的"音乐剧"没少砸钱，可怎么就不像音乐剧呢。

首先要认真地向人家学习。看看别人是如何从根儿上进行探索、创作的，然后再看看自己能做什么？一些优秀的音乐剧，有形式、有内容，不局限于固定的概念和框架，虽然都称为"音乐剧"，可是形态各异，丰富多彩。当然音乐剧的创作也涉及资金投入，当今不乏一些大制作剧目，如《蜘蛛侠》等，但像《歌剧魅影》《芝加哥》《狮子王》等大量的经典剧也并不都是巨额投入。

我参与的这几部"音乐剧"，具有中国特色且有一定的探索精神。特别是音乐剧《蝶》。通过这部《蝶》，我认识了一个中国音乐剧的"疯子"李盾。我与他接触不多，但他给了我很深的印象——

执着、疯狂、拼命和忘我！如果中国多一些这样的"疯子"，可能我们进步的步伐会快一点。还要感谢这部音乐剧让我们与国际团队有了第一次直接接触，也感觉到了人家对艺术创作的真挚和热情。他们认真和负责的工作作风，以及对音乐剧创作的深刻理解，使这部音乐剧成为中国音乐剧的翘楚之作。

　　另一个需要说明的是在这部音乐剧，我带了一批学生进行创作实践，当时的阳东霖和陈晓君已经是中国小有名气的设计师了。学生的方案多次获得了导演的高度评价，在此展览的很多设计方案和成衣都是他们辛勤工作的成果。在这个过程中，他们也显得更加成熟和练达，同时也加深了对音乐剧的理解。

　　对于我来说，看着一个个学生超越我而向前奔去，才认认真真地体验了做老师的真谛。

《甘嫫阿妞》

Gan Mo A Niu

乐山市峨边彝族自治县歌舞团，2007年3月16日首演于四川乐山

编　　剧：张　朝
导　　演：赵亚玲
作　　曲：张　朝
舞台设计：韩立勋
服装设计：韩春启　阳东霖
灯光设计：王瑞国

戏剧人物服装设计：韩春启舞台作品精选

《蝶》

Butterflies

北京蝶之舞音乐剧剧团，2007 年 8 月 8 日首演于东莞玉兰大剧院

制作人、艺术总监：李　盾

总 导 演：吉勒·马修（Gilles Maheau）

导　　演：韦恩·福克斯（Wayne Fowkes）

音乐总监：三　宝

编　　剧：关 山　徐 晴

舞美总监：苗培如

剧本顾问：吉昂·巴赫伯（Jean Barbe）

灯光总监：阿兰·罗尔提（Alain Lortie）

服装造型：韩春启　阳东霖　陈晓君　袁 甦

编舞设计：岱恩·查尔斯（Dazza Charles）

面对这样的题材、这样的合作伙伴，我内心有一种创作的冲动。虽然我乐于做富于挑战性的工作，但我知道我可能不适合这种创作风格，因为"时尚""现代"这样的要求让我摸不着头脑，心里没数。最终让我下决心的还是我的学生，他们蠢蠢欲动的状态，让我又看到了当年的自己。事实也是如此，他们对"时尚""现代"的感觉，他们对"蝶"人物的形象设计，也让我受益匪浅。

其实，我的最大的问题是设计"蝶人"的形象，他们的生活在"世界的尽头"，这里既虚幻又现实，他们是蝶是人？一切都在模糊当中，而服装的人物造型却是实实在在的。在一个活人身上制造虚幻的感觉，制造一种似人似蝶的"感觉"是这个剧的服装设计与制作的关键。好在我们找到了一种形式，好在我们与导演韦恩·福克斯取得了共识，互相之间找到了共同的对音乐、对人物的感觉，它也许不是最好的，但它却是我最看重的。与外国同行的合作过程，对我来说是一种重新学习的机会。

首演后，对服装的评价很好，它与整个音乐剧的风格、环境等都相得益彰，既融于整体风格中，又具有独特的造型风格。从专业角度上讲，它最大的特点是对材料的处理，几乎每一套服装都用心的在肌理、质感、色彩、造型上下足了功夫，对我来说，还没有一部音乐剧用了这么多的材料处理工艺，它必将对我未来的创作产生影响。

我从内心感到幸运，有这样一次合作机会，同时感谢我的学生，阳东霖、陈晓君、袁甦，他们新锐的艺术感觉和踏实认真的工作，使这一切成为可能。

　　此剧的创作人员汇集了国外行业内较为优秀的专业人员，同时，在导演、灯光设计上也专门聘请了国外知名的专家共同参与深入的创作。此剧的执行导演是著名音乐剧《钟楼怪人》的执行导演，他年纪不大，但艺术感觉很棒，工作态度认真深入，对艺术精益求精，特别难能可贵的是他能够以专业的高度与中国同行们沟通，并且能够适应中国的一些特殊习俗与方式，同时又将西方的工作方法和方式带给了我们。他特别注意舞台空间与形象的塑造，善于表现戏剧的综合性，从他的作品中也可看出他的综合专业素质是很高的，也许这是他的作品每每取得成功的要点之一。

　　此外，对于服装他更是不放过任何一个细节，对款式、色彩、面料的要求可以说是极致到位，特别是与演员的结合，对于功能、动作的考虑也十分专业到位，而且对人物形象特定空间的感觉，有着一种独特的机敏与决断。

　　艺术创作应该尊重创作者的个性，任何一个作品不可能吸收所有人的意见，艺术家有权决定作品的基本走向，因为任何作品不可避免地会带有创作者个人的风格特征。

　　尊重艺术家的个性，是作品成功的关键。

戏剧人物服装设计：韩春启舞台作品精选

戏剧人物服装设计：韩春启舞台作品精选

《花儿与少年》

Flowers & Youth

甘肃省歌剧院，2009 年 10 月 29 日首演于兰州

编　　剧：李天圣
导　　演：高立斌
作　　曲：郭思达
舞台设计：姜浩扬
服装设计：韩春启　陈晓君
灯光设计：刘春平

戏剧人物服装设计：韩春启舞台作品精选

音乐剧《花儿与少年》给我感觉更像是歌舞剧。当然，由于种种特殊情况我没有到现场观看，所以不能对此剧有直接的评价。

但是这部音乐剧却令我对民族歌舞剧与西方音乐剧产生了思考。也许最终得不到明确的结论，但这种思考的过程则不可避免的带来设计观念上的变化。因此，在这部音乐剧中，我和陈晓君都力图在民族元素与时尚提炼环节上做一些探索。但由于与导演和音乐缺乏有效的沟通，没有办法判断设计实现与剧目风格等一系列审美尺度，总觉得是一个不小的遗憾。

效果图的最后润色都由陈晓君承担，我认为她在当时的处理技法方面有自己的风格，有可借鉴之处。

戏剧人物服装设计：韩春启舞台作品精选

博物馆版《金沙》

Jin Sha

成都金沙遗址博物馆，2009 年 11 月首演于成都金沙遗址博物馆金沙剧场

导　　演：曹　平
作　　曲：三　宝
舞台设计：王　臻
服装设计：韩春启
灯光设计：邢　辛

戏剧人物服装设计：韩春启舞台作品精选

歌舞剧
SONG & DANCE
DRAMA

我知道这个戏剧分类不太严谨，也具有中国特色。

我说的歌舞剧既包含了"歌舞诗画""乐舞""舞蹈诗"，也包括现在流行的剧场和实景的"旅游歌舞剧"等。我觉得这类剧的特点就是三个字：散、虚、杂。

首先是戏剧结构散。一般歌舞剧的结构互相之间可以没有必然关系，也许有一个不完整的"故事"，甚至还可以有一个具体或抽象的人物。但是，它们之间不形成一个完整的架构，而是以各自为主的散状结构串接而成。所以，一般这种歌舞剧给我的感觉往往是在创作舞剧的过程中，实在做不下去的一个副产品。像是在市场上选来了一些好看的材料，色彩缤纷、各具特色，但大多没有实际内涵，重形式轻内容，种类丰富但缺少深度。

其次是主题虚。一般这样的歌舞剧都似乎有一个具体的主题，但却要靠一段段、一节节的歌舞构成，所以只能"虚"式的表达主题。有很多歌舞剧本身就要求虚，因为具体不了。剩下的就是一些音乐的形式感，舞蹈的技巧性，场面的震撼力，视觉的冲击力等，就是没有戏剧的魅力。这样的主题表达方式呈现一种碎片化的形态。往往是好像奔向主题但却跑向其他虚空，给人一种空洞的感觉。

最后就是"杂"了。我指的主要是门类杂。虽然歌舞剧一般以歌舞为主，但是，为了吸引观众，为了地域和传统的原因，在歌舞剧中也常常出现很多现成的其他艺术门类。最常有的就是演唱和乐器演奏，也常常出现杂技、戏曲和武术表演等。总之，除了主题故事的多样性之外，在艺术形态上歌舞剧可以没有任何限制，易于创新。

正因为歌舞剧的这些特点，对我们学习服装设计的人来说，它则是一个绝好的锻炼平台。首先你会遇到很多匪夷所思的题材，逼着你去学习很多知识。上至天文地理，下至江河湖海，远到洪荒神话，近到当下梦想，都可能成为歌舞剧的内容和主题。

再就是你会遇到很多奇特的人才，可能水平不一但却会让你大开眼界。与部分人才合作能锻炼耐力；提升容忍度；当然更多的是你的老师先生，他们无所不知，无所不晓，除了专业，还会教给你很多知识。总之，这个圈子人才济济，学问深深，是个学习的好去处。

所以，作为一个服装设计师，你不但要迅速的补充知识而且还要在服装设计上挖空心思，出奇标新。从某种意义上讲，也正因为歌舞剧的这些特点，为我们进行服装设计提供了挑战和创新的机会。从这里也可以看出，我们这个行当的特点是待价而沽。因为我们不能去选择，我们是被选择的。所以我们要具备更多的知识和才华，锻炼更强的技能，做出更大的努力，才能尽快出现在制作人和导演的视野中。

《西洋行》

A Journey to the West

福州歌舞剧院，2000 年首演于福建会堂

编　　剧：张建民　吴少雄
导　　演：张建民
作　　曲：吴少雄
舞台设计：郑志光
服装设计：韩春启
灯光设计：宋史强

戏剧人物服装设计：韩春启舞台作品精选

《北京之夜》

Beijing Nights

北京之夜歌舞团，2000 年 10 月首演于北京之夜剧院

导　　演：陈维亚
舞台设计：毕启亮
服装设计：韩春启
灯光设计：毕启亮

《哒哒瑟》

Wonderful

海南省歌舞团，2001年9月首演于北京民族文化宫

编　剧：蒙麓光
导　演：蒙麓光
作　曲：莫　柯　刘　勇　王兆京
舞台设计：韩春启
服装设计：韩春启
灯光设计：胡耀辉

"哒哒瑟"在海南黎族语言中有美好、吉祥等包容很广的意思。在我刚刚接触黎族时，顿时就被吸引住了。在我的印象中，黎族只是一个生活在海边的平常少数民族，没有惊天动地的传奇，没有改变历史的神话。一接触才渐渐知道了黎锦的精美、民族的奇异、纹样的古老神秘和那令人平实感动的传说。"鹿回头"美丽的悲剧在椰林间摇曳，"长寿婆"的幽默在大榕树下回荡。她们在海边、在山寨，荒蛮中透着坚毅，粗犷中透着精细。在边陲椰寨，同样创造着灿烂的文化。船形屋、独木舟埋藏着一个个久远的故事。

对于那些极"现代"的传统服饰，我几乎无事可做，根本用不着什么"设计"，我只是精心挑选能组合成所需要的衣服就行了，对我来说需要的是学习和了解，好在编导们给了我极大的支持与鼓励。由于经费的限制，我不可能进行什么大制作，强调的只是淳朴与憨厚。舞台的设计也极简约。服装风格尽量表现现实生活中快乐的人们。结果在全国少数民族文艺会演中获得大奖——舞台美术设计金奖、服装设计奖。我个人很看重所获得的奖项，因为我没有利用高科技来创造震撼的效果，但赶鸟人单调的竹竿，声声敲在人的内心深处；我没有钱去堆砌华丽的装饰，但那些几乎就像生活中一样的黎锦给我真的艺术享受。由此我想，其实人对艺术的追求是很单纯的，去掉那些无用的包装，只要体会到美好，吉祥已足矣，哒哒瑟！

《秘境之旅》

A Mysterious Journey

中国歌舞团，2002年12月首演于北京保利剧院

总 导 演：陈维亚

执行导演：刘 江 甘 露

作 曲：卞留念 赵石军 张大力 苑飞雪

文学撰稿：宋小明

舞台设计：高广健

服装设计：韩春启 陈 黎

灯光设计：沙晓岚

《秘境之旅》是中国歌舞团的一台探索商演的创作演出。其实当时的中国歌舞团有很强大的设计师队伍。但由于我和陈维亚的关系，他力邀我也加入到创作中来。

常言道，外来的和尚会念经。我当时从未把陈维亚当外人，所以也就把这事当成自己的事。所有的节目都是新创，而且都是当时中国最牛的编导们的倾心力作，所以干的很起劲。

记得我那时候从工厂到团里不知跑了多少趟，但当演出的时候心里还是很欣慰的。毕竟，那时候这台演出的结构和服装还是引起了不小的关注。后来，这部歌舞剧还得了很多奖。这部歌舞剧为我的创作经历增加了一种令人铭记的形象，可能对我来说这更值得回味。

《梦回大唐》

Dreaming of the Tang Dynasty

曲江梦回大唐歌舞团，2005 年 4 月 5 日首演于西安

导　　演：陈维亚
作　　曲：赵季平
舞台设计：苗培如
服装设计：韩春启
灯光设计：沙晓岚

作为一名中国的服装设计师，唐代的梦似乎永远离不开我的情结。从表现历史的角度看，只有梦是最合适的方式，只有梦能够将我们对历史的印迹连结起来。《梦回大唐》就是这样一次创作梦的尝试。

在千年前发生的故事的同一地点，由千年后的子孙们演绎过去梦的碎片。它需要有文化的诉求，还有经济利益的要求，也还有历史关照的追求，而所有这一切都要通过艺术的方式表达。制作人要求表现大唐宫廷的辉煌与气度，要表现大唐胸襟四海的广博，要展现大唐华服的美艳，总之要引发观众的视觉联想，使他们也一同进入曾经的梦境。设计上我力图将"写实"与"夸张"揉在一起，试图将色彩与工艺混搭在一块儿，想要营造一个似乎真实的梦，但我不

知道能否做到。

　　作为一个以旅游为主的演出项目，我们总是在一些"耳熟能详"的故事和人物上做文章。因为一般观众不是来受历史教育的，他们看新奇、看性感、看美艳，而服装要满足几乎所有这些要求。在这里"艺术"是十分具体的，它往往要与效益挂起钩来。从这个角度上讲，服装比较好的为这个大唐的梦编织了一身华美艳丽的外衣，但是光靠这身衣裳，能否使每个人都能进入大唐的梦乡，那就只能看每个人的造化了。

《大风歌》

Song of the Wind

北京舞蹈学院，2006 年 12 月 14 日首演于中国剧院

总　导　演：明文军
编　　剧：许　锐
编　　导：江靖弋　周传洁　王　芳
　　　　　　史　博　王　舸（特邀）
　　　　　　石梦娜（特邀）
作　　曲：张　列　河　源
舞台设计：韩春启　王　琪　刘婷婷
舞美制作总监：王殿印
服装设计：韩春启　刘俣欣　程　静
　　　　　　张建光　陈晓君　任　萌
灯光设计：任东升

戏剧人物服装设计：韩春启舞台作品精选

戏剧人物服装设计：韩春启舞台作品精选

《唐乐宫》

The Tang Dynasty Palace

西安唐乐宫晚宴剧场

导　　演：张建民（2006 年版）
服装设计：韩春启（2006 年版与 2012 年版）

　　唐乐宫的服装设计于我的意义是对传统服装的学习和研究。应该说，当年唐乐宫的演出风格定位是很准确的。在发扬传统方面尽量做到有根有据，演出真材实料，这才能够风行几十年依然有市场。今天想来我真的十分感谢唐乐宫给我的多次机会，让我在一次次的学习和传承中，了解了唐代服装的基本风格特点。可以看出我那时候的效果图基本上还在徘徊阶段，但是在设计元素的运用方面还是有些特点。

戏剧人物服装设计：韩春启舞台作品精选

《太阳神鸟》

The Sunbird

成都艺术歌舞团，2007 年 4 月首演于长沙

编　　剧：赵大鸣
导　　演：陈维亚
作　　曲：卞留念
舞台设计：黄楷夫
服装设计：韩春启
灯光设计：沙晓岚

戏剧人物服装设计：韩春启舞台作品精选

戏剧人物服装设计：韩春启舞台作品精选

《日月大明宫》

The Palace of Da Ming

西安曲江集团，2009 年 11 月 23 日首演于北京展览馆

编　　剧：韩春启
导　　演：林　琳
作　　曲：卞留念
舞台设计：姜浩扬　牟　阳
服装设计：韩春启　吕　云

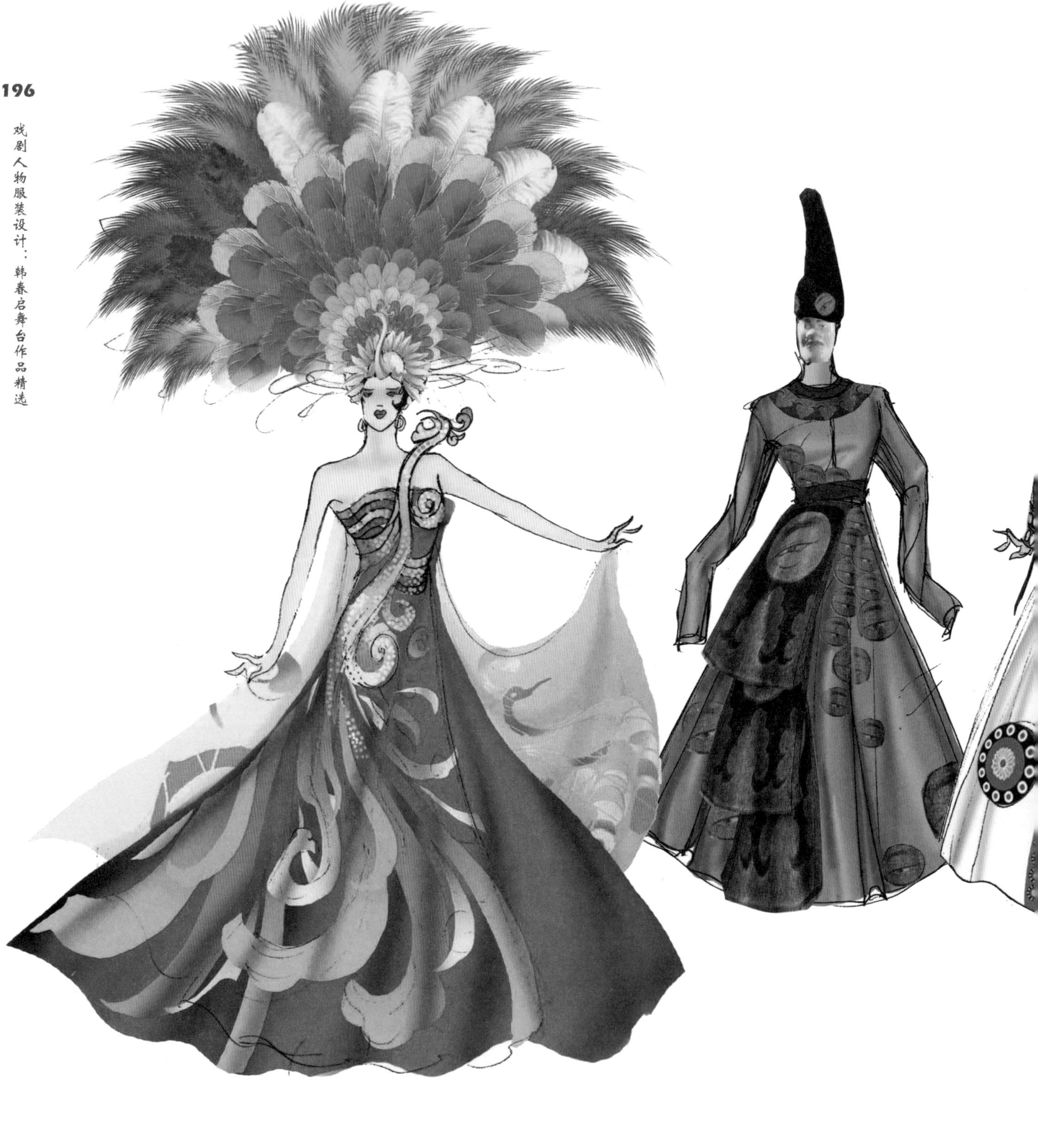

《日月大明宫》是我继《梦·中国印象》后的又一次对中国古典服装的设计尝试。这个设计的难度在于，围绕着一个朝代的服装样式，构成一系列完整的设计系列。

我带着当年的研究生吕云，在对中国古典服装深刻理解的基础上，再次对传统服饰文化进行了学习。最后，我们在创新时尚和传承传统两条线上找到了契合点。

现在向大家展示的就是其中的一小部分。本来以为做完了这台演出，对中国传统服装的研究就算是比较全面了。可实际上，它恰恰打开了我们进一步研究的大门，让我真正感受到了传统文化的博大精深。所以，我们又从新的视角开始了对我国优秀传统服饰文化的新课题研究。相信它依然会让我们感受到那惊艳的美丽和经典。顺便说一句，展示这些服装的模特，都是我们系的学生，她们的表演也为这些设计增色不少。

戏剧人物服装设计：韩春启舞台作品精选

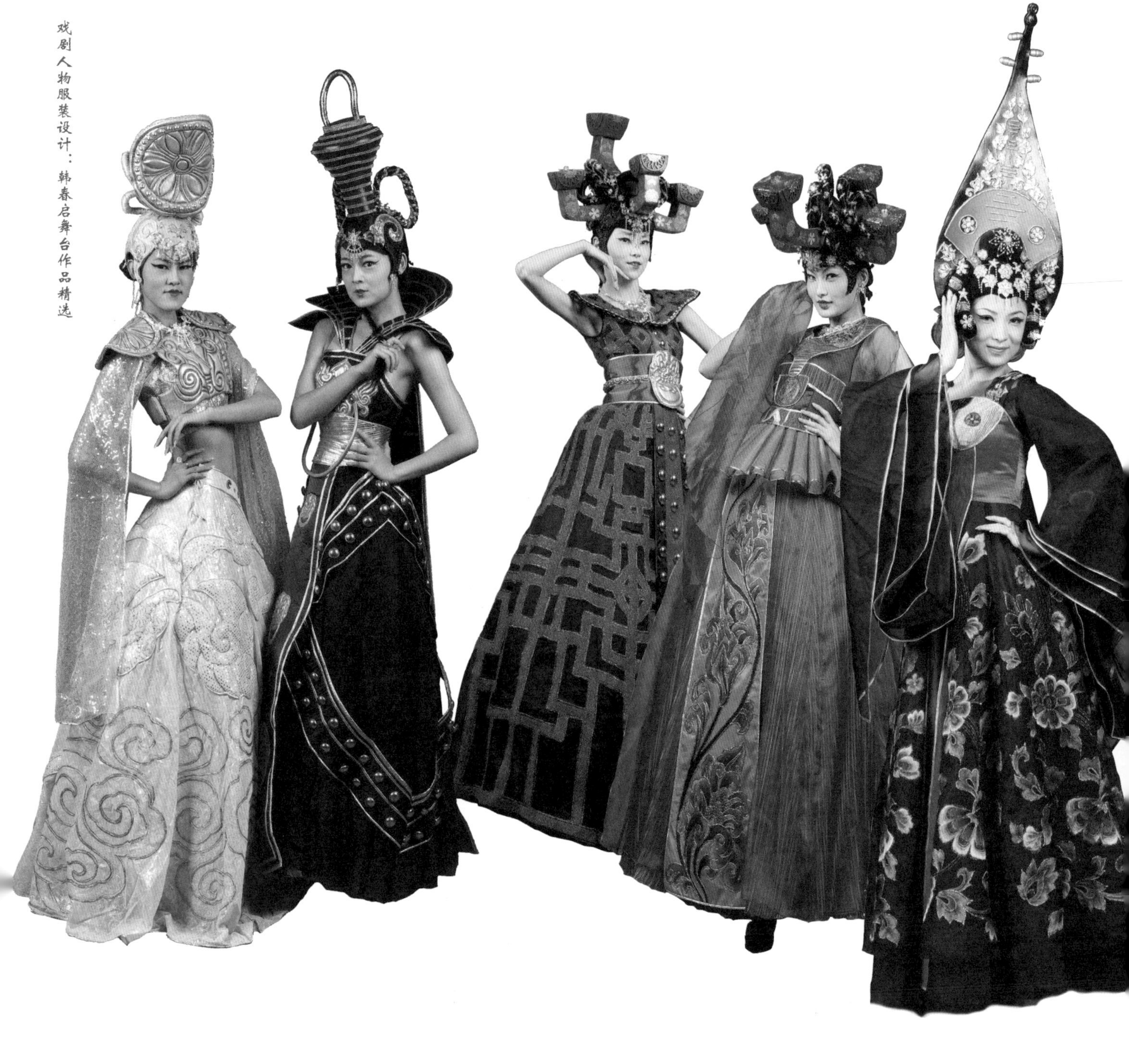

《梦幻太极》

Tai Chi Illusions

横店影视城艺术团 2010 年 12 月首演于横店影视城

导　　演：陈维亚　章东新
作　　曲：卞留念
舞台设计：苗培茹
服装设计：韩春启
灯光设计：蒙　秦

戏剧人物服装设计：韩春启舞台作品精选

《吴越千古情》

The Romance of Wu Yue

杭州宋城集团，2012 年 2 月 14 日首演于杭州乐园大剧院

编　剧：黄巧玲
导　演：崔晓勇
舞台设计：苗培茹
服装设计：韩春启
灯光设计：蒙　秦

提起失败的例子，《吴越千古情》应该算一个。因为在之前刚刚做了歌剧《西施》，所以在设计上尽量与其拉开一些距离，特别是在时尚流行方面做了很多努力。应该说，对于这样一个驻场的旅游演出来说，我们应该是比较好的完成了服装设计的任务。但是，由于整个演出运作的种种原因，这个演出没有多久就停演了，觉得十分可惜。

《千回大宋》

The Magnificent Song Dynasty

2013 年 10 月首演于河南开封

编　　剧： 周群生
导　　演： 周群生
作　　曲： 史志有
舞台设计： 沈庆平
服装设计： 韩春启　李　特　李相仪
　　　　　　　戚雨节　刘　雅
灯光设计： 吴　玮

戏剧人物服装设计：韩春启舞台作品精选

《烟雨凤凰》

Misty Rain Phoenix

凤凰古城文化旅游投资股份有限公司，2014 年 3 月 30 日首演于湖南凤凰城

导　　演：杨　嵘
舞台设计：边文彤
服装设计：韩春启　时业云　吴少华
　　　　　　王雪莹　孟璇璇　许　博
灯光设计：王　彤

　　《烟雨凤凰》是近来最让我纠结的设计项目。我曾经数次接触湘西文化，所以对凤凰的这个项目倾注了很大的精力。两个多月的时间，我带领学生们设计了多款有声有色的人物造型，得到了导演的高度认可。但是到制作时问题出来了。演出方因经费不足不能够在合适的工厂制作。不知道最后在哪里制作的服装，也没有我们监制，所以我们都没有被邀请到现场看效果。我真的不知道效果如何，不知道演出方是怎样的想法。

　　听说今年演出方请别的设计师重新设计，不知道是连戏一块儿改呢还是只改服装。不管怎样吧，这消耗了我和学生大量的心血，却是我的一段失败的经历。

　　留此存照，也给其他人提个醒。

戏剧人物服装设计：韩春启舞台作品精选

创作年表

CHRONOLOGY
OF PRODUCTIONS

舞剧《情殇》
1997 年
北京舞蹈学院

舞剧《大梦敦煌》
2000 年 4 月 24 日
兰州歌舞剧院

歌舞剧《攀枝花之歌》
1997 年 10 月 25 日
攀枝花歌舞团

评剧《胡风汉月》
2000 年 10 月
河北省石家庄青年评剧团

舞剧《玄凤》
1997 年 12 月
广州芭蕾舞团

歌舞剧《西洋行》
2000 年
福州歌舞剧院

舞剧《悠悠雪羽河》
1999 年
甘肃敦煌艺术剧院

歌舞剧《北京之夜》
2000 年 10 月
北京之夜歌舞团

舞剧《满江红》
1999 年 10 月 1 日
宁波市歌舞团

歌舞剧《哒哒瑟》
2001 年 9 月
海南省歌舞团

戏剧人物服装设计：韩春启舞台作品精选

舞剧《情天恨海圆明园》
2001 年 12 月 15 日
北京天桥剧场

歌舞剧《秘境之旅》
2002 年 12 月
中国歌舞团

歌舞剧《钟鸣楚天》
2003 年 4 月 27 日
湖北省歌剧舞剧

歌舞剧《九寨天堂》
2004 年 9 月 8 日
九寨天堂国际会议度假中心

歌舞剧《龙脊》
2005 年 4 月
桂林市旅游文化演艺有限公司

歌舞剧《梦回大唐》
2005 年 4 月 5 日
曲江梦回大唐歌舞团

歌舞剧《巴渝情缘》
2006 年 7 月
小天鹅集团

歌舞剧《盛典西安》
2006 年
西安曲江集团

服饰展演《梦·中国印象》
2006 年 10 月 15 日
北京舞蹈学院

歌舞剧《大风歌》
2006 年 12 月 14 日
北京舞蹈学院

歌舞剧《唐乐宫》
2006 年与 2012 年
西安唐乐宫晚宴剧场

歌剧《霸王别姬》
2007 年 10 月 12 日
中央歌剧院

歌舞剧《太阳神鸟》
2007 年 4 月
成都艺术歌舞团

歌舞剧《勐巴拉娜西》
2008 年 4 月
云南吉鑫集团

歌舞剧《大唐华章》
2007 年 8 月
四川省歌舞剧

舞剧《我的牡丹亭》
2008 年 6 月 19 日
北京牡丹亭艺术团

音乐剧《甘嫫阿妞》
2007 年 3 月 16 日
乐山市峨边彝族自治县歌舞团

琼剧《下南洋》
2009 年 4 月初
海南省琼剧院团

音乐剧《蝶》
2007 年 8 月 8 日
北京蝶之舞音乐剧剧团

舞剧《鹤鸣湖》
2009 年 7 月 29 日
北京保利剧院

戏剧人物服装设计：韩春启舞台作品精选

戏曲《杨贵妃》
2009 年 8 月 15 日
西安秦腔剧院有限公司

歌剧《西施》
2009 年 10 月 29 日
国家大剧院

音乐剧《花儿与少年》
2009 年 10 月 29 日
甘肃省歌剧院

音乐剧《金沙》（博物馆版）
2009 年 11 月
成都金沙遗址博物馆

歌舞剧《日月大明宫》
2009 年 11 月 23 日
西安曲江集团

舞剧《草原记忆》
2010 年 11 月
锡林郭勒盟民族歌舞团

歌舞剧《梦幻太极》
2010 年 12 月首演
横店影视城艺术团

秦腔交响乐《梦回长安》
2011 年 4 月 6 日
西安曲江演出集团

舞剧《徽班》
2011 年 8 月
安徽省歌舞剧院

舞剧《格萨尔王》
2012 年 2 月
成都军区战旗文工团

歌舞剧《吴越千古情》
2012 年 2 月 14 日
杭州宋城集团

歌舞剧《鄂尔多斯婚礼》
2012 年 11 月 3 日
鄂尔多斯民族歌舞剧院

舞剧《红楼梦》
2012 年 11 月
德国多特蒙德芭蕾舞剧院
2013 年 10 月 25 日
香港芭蕾舞团

舞剧《太极传奇》
2013 年 1 月 19 日
河南省歌舞剧院

舞剧《红高粱》
2013 年 7 月 14 日
青岛歌舞剧院

歌舞剧《千回大宋》
2013 年 10 月
河南开封

歌舞剧《烟雨凤凰》
2014 年 3 月 30 日
凤凰古城文化旅游
投资股份有限公司

歌剧《高山流水》
2014 年 6 月 14 日
武汉歌舞剧院

歌剧《雪原》
2014 年 10 月
辽宁歌剧院

后记

快完稿的时候，不知道为什么，我突然有一种不想出书的感觉。主要是想，这到底有什么意义？我们太多时候自说自话，以为很有意义，到头来被人讥为笑柄。我怕自己也在做这样的事而不自知。

本书主要通过我做过的剧目设计梳理一下曾经的过往。由于自己现在是一名老师，总希望自己的经历和作品能够对学生现在的学习有些帮助。当然，也有借此炫耀和总结自己的目的。因为这里记录的，几乎是我的一生。

本书汇集了自己曾经走过的路和艺术经历，事过境迁，有些事情只能凭记忆和感觉追述了。但我们这个行当的好处是能留下些痕迹，也许对现在的学生有些帮助，工作室的同学也都说这本书对于现在学习的同学还是非常有用的。也许他们在安慰我，也许真的如此，我真的不敢肯定。只是忙了这么长时间，负责排版整理的王雪莹同学，一直在努力将它做得更加完美一些。

好了，不感慨了。历史就是这样的，你从台下走上舞台，又从上场门溜到中间，现在已经在下场门准备另寻出路了。每个人可能都会经历这样的过程。但是，并不是每个人都能在走下舞台之前留下点儿什么，也许是记忆，也许是经验，也许是教训。所有这些可能不会给任何人带来帮助，但对于当事者来说，这些平凡琐杂的痕迹记录，会让你记起曾经的岁月。这其中有愉快、欢乐、痛苦、惆怅甚至梦想，直到今天看来还是那么美好和值得我记忆。

同学们，珍惜现在才有未来。这也是我出版本书的目的。

韩春启

2015年3月